貓小小

身上的毛分不清
是原本的顏色，
還是在外頭流浪
弄成的灰色

不會抓魚，覓食技
巧差，靠臉吃飯

意外的是男生

長毛

似乎是名貴的貓種

出生在一座有漁港的
城市裡的寵物店

貓小小出生在海邊的一間寵物店，
每天除了吃飯、玩耍，就是睡覺。

那裡好像很
好玩……

有一天，貓小小趁機跑了出
去，開始了流浪的生活。

他不知道怎麼抓魚，好
在他長得可愛又乖巧，
漁港的漁人都會拿魚給
貓小小吃。

貓小小還小的時候，曾被貓大大救了一命。實際上卻是……

有魚！

我的！

糟了，把他踢下海了！

貓大大出生在一個小島上，空氣中充滿著魚和太陽的香氣。

貓大大

覓食技巧差，用奧步偷魚吃

脖子上繫著紅色領巾，似乎曾被人養過

毫不意外的是男生

三花貓

出生在一座被海環繞的小島上

手臂上有打架勝利的徽章

路邊隨時可以吃魚、晒太陽，幸福極了。

有一次他貪玩，坐上船，結果到了一個陌生的地方，找不到回去的路了。

聽說江湖上有 8 位漁達人擁有即將失傳的漁法，我們去跟他們學漁法。

這樣我們一生就有享用不盡的鮮魚啦！

但是，漁達人這麼容易找到嗎？失傳密技有這麼容易學會嗎？這趟旅程究竟是一場水土不服的慘痛經驗，還是一場相見恨晚的美妙回憶呢？

從此，兩貓就一起行走江湖。

**我家住海邊**

尋找台灣即將消失的漁法

作者　　　公共電視
企劃　　　小木馬編輯團隊
繪圖　　　鄭玉佩

社　　長　陳蕙慧
副總編輯　陳怡璇
特約主編　胡儀芬、鄭倖伃
責任編輯　胡儀芬
故事設定及漫畫腳本　　胡儀芬
美術設計　鄭玉佩
審　　定　臺灣海洋大學臺灣海洋教育中心主任　張正杰
行銷企畫　陳雅雯、尹子麟、余一霞
讀書共和國集團社長　　郭重興
發行人兼出版總監　　曾大福

出　　版　木馬文化事業股份有限公司
發　　行　遠足文化事業股份有限公司
地　　址　231 新北市新店區民權路 108-4 號 8 樓
電　　話　02-2218-1417
傳　　真　02-8667-1065
E m a i l　service@bookrep.com.tw
郵撥帳號　19588272 木馬文化事業股份有限公司
客服專線　0800-2210-29

印　　刷　呈靖彩藝有限公司
2022（民 111）年 2 月初版一刷
定　　價　360 元
I S B N　978-626-314-123-0

國家圖書館出版品預行編目（CIP）資料

我家住海邊：尋找台灣即將消失的漁法 = Living with the ocean/
公共電視作；鄭玉佩繪圖. -- 初版. -- 新北市：木馬文化事業股
份有限公司出版：遠足文化事業股份有限公司發行, 2022.02
面；　公分
ISBN　978-626-314-123-0（平裝）
1.CST: 捕魚 2.CST: 漁業 3.CST: 臺灣
438.31　　　　　　　　　　　　111000312

特別感謝：金山文史工作室郭慶霖老師提供諮詢及圖照。
　　　　　豐濱鄉靜浦社區發展協會、芳苑海牛學校、篤加社區發展協會及田的家民宿田亦生先生
　　　　　提供圖照。

我家住海邊

尋找台灣即將消失的漁法

# 目次

# 從認識開始

海洋文學作家 / 廖鴻基

不少人以為，未來不可能去討海捕魚，也不會去研究漁業，那又何必認識魚或認識漁業呢？

事實上，魚一直陪伴著我們，牠們是讓人類能夠存活至今的重要肉類蛋白質。全球到處都發現了貝塚，各個民族也都有各自的魚文化，以華人來說，魚在三千多年前已游進我們的甲骨文中，成為我們的文字起源。

台灣魚類資源豐富，靠海吃海，讓我們擁有十分出色的漁業。然而，產業面雖然出色，但文化面始終裹足不前。我們吃魚吃到不認識魚，更無從明白這些漁產到底經由怎樣的過程來到我們的餐桌上。對魚和漁的不接觸、不認識和不關懷，一流的魚類資源，已被我們糟蹋到將近枯竭的地步。還要繼續像過去那樣，只負責吃，只懂得糊里糊塗的亂吃，吃到只剩海鮮文化，沒有海洋文化嗎？

《我家住海邊》是一部圖文並茂，介紹我們周邊即將消失的幾種漁業，以及逐漸式微的幾種傳統漁業文化。漁業是漫長的累進過程，是陸地生活的人們為了食物與生存的需要，充滿勇氣與智慧的演進，是島國社會一步步走向大海的步履腳跡，也充分展現了陸地資源有限的海島社會，如何以積極進取冒險的海洋精神轉過頭來面對大海。

是的，我們必須透過更多類似的讀本，透過食魚教育和海洋教育，開始積極進取的面對問題，從魚類生態和漁業，以及彰顯我們社會過去累積的漁業文化認識起，至少讓漁業大國的子民們面對魚、面對海，開始具備有所選擇的能力，才可能更進一步透過漁業管理，透過海洋保護，走向友善漁法、永續漁業等，對大海負起基本責任的海洋國家。

# 海邊住久了，個性也像海

背包旅人 / 藍白拖

據說人類祖先的來源有二種說法，一種是古猿，另一種是海洋魚類，若後者為真，大海可謂人類的母親，但大多數的都市人對這位母親相當陌生，你和我就像大自然的孤兒。

你一定有過這樣的經驗：從都市叢林搭車前往一個目的地，途中行經海邊時，湛藍的海洋映入眼前會立刻「哇～」，並且連聲讚美，甚至有一種說不出的幸福感。或許這就是多年後終於見到母親的感受。如果都市人是大自然的孤兒，家住海邊的人就是被疼愛的孩子，每天都被母親擁抱。

漁村小鎮的住民，之所以看起來特別悠閒自在，可能是長期住在有人照顧的母親家，不像流浪在外的都市人，永遠是異鄉人，總有說不完的苦悶煩惱。

我曾經去金山磺港拜訪蹦火仔漁船船長，就和主角貓大大一樣什麼都不知道，只帶著好奇心求問，水、電石、打火機，三樣東西該如何結合捕魚？船上為何有鐵桶？還有一把看起來像像章魚腳的魚叉？蹦火仔到底要捕什麼魚？夜晚跟著船長一起搭船出海捕魚，一邊聽海風一邊聽他說故事，原來看似樂觀的漁民，也藏著對海洋未來的悲觀。

看完這本書，你會認識八種即將消失的漁法，可以進而思考為何這些漁法會消失，是因為沒人想學，還是註定被社會淘汰？

最後分享一個小故事，當時搭船出海回港後，船員立刻把捕到的魚分類，有青鱗魚、鱙仔魚等，此時一位外地觀光客好奇走過來詢問；「今天捕到什麼魚？」船員立刻送了一袋青鱗魚給對方，那位觀光客有點驚嚇，收到天外飛來一袋的意外禮物。

我想，這就是傳說中的做人「海派」，海邊住久了，個性也像海。

# 懂得親近海洋

公共電視董事長/陳郁秀

　　《我家住海邊》節目名稱中的「家」，其實就是「台灣」。美麗的台灣四面環海，是一座非常特殊的島嶼，仰賴得天獨厚的地理位置，海洋物種占了全球十分之一多，水產經濟物種逾兩千種，俗稱「海中熱帶雨林」的珊瑚礁，在全球海域面積中僅占不到 0.3％，卻在台灣南北端及多個離島都有分布。當你搭乘飛機俯瞰台灣時，會發現綠色的台灣與藍色的大海之間，海陸交界呈現美麗的青色，我稱之為「台灣青」，除了代表大自然的風華、象徵台灣之美，也意味著台灣與海洋密不可分的連結。

　　這個節目製作的初心，是串起老中青三代的海洋記憶，透過傳遞與記錄八種即將消失的傳統漁法，以及逐漸式微的傳統漁業文化，讓孩子看見身為海洋民族曾經歷過的生活樣貌，及展現出的智慧勇氣。另外特別一提的是，為了因應科技的新趨勢，公視團隊透過節目內容的延伸，製作 VR 影片及線下 VR 遊戲體驗。藉由 360 度的視覺呈現，讓體驗者在沉浸式的場景圍繞中，逐步探索這段海洋文化歷程。在與新科技的融合展演之餘，我們更期盼的是，持續以不同型態的方式，為美麗寶島的海岸線及人文歷史，留下完整的紀錄以及知識的傳遞。

　　台灣雖為海洋國家，但因過去戒嚴下的教育政策讓我們不親海，現在期待用教育重新擁抱海洋，著重於認識「海洋」、學習「海洋」，讓「海洋」來教導與她共存共榮的子民。作為海島國家的成員，必須認真傾聽海洋的聲音，領會先民如何善用海洋資源豐富的特性，發展出各式與海洋打交道的方式；我們就住在海邊，對於魚的個性、海的流動、傳統美味、漁人精神……等，不可一無所知。希望借助更多圖文並茂的讀本，讓孩子從小就熟悉海洋，有足夠的認知後，進而反思台灣的驕傲與哀愁，也更深入了解現今世界所面臨的各種海洋難題。

# 《我家住海邊》帶你航向世界

木馬文化副總編輯 / 陳怡璇

　　《我家住海邊》是小木馬繼《台灣特有種》系列出版後，再次與公共電視兒少組合作出版的力作。為了讓小讀者享受閱讀的樂趣，小木馬編輯團隊同樣在公共電視紮實的內容基礎上，增添有趣的故事與圖像，期許孩子能在絕妙的影像閱讀之外，靜下心來從文字與圖像中，領略我們身邊的環境、認識台灣這片美好的土地。

　　教育的改革、疫情帶給世界的衝擊，讓我們的學習產生了風起雲湧的變化。《我家住海邊》用鏡頭代替我們的眼，將我們帶到漁村、帶到海上、帶到潮間帶、帶到漁民們的營生、帶到世代更迭的變化。無論我們透過影像或文字認識這些事物，最終我們都必須踏在這塊土地上，與海洋同行，乘風破浪。而我們所努力的，是和各位同行。

　　感謝公共電視的信任，讓好的內容有機會從影像延伸至紙本陪伴孩子，也相信影像和文字能相輔相成帶給孩子更豐富的體驗。

　　誠如公視董事長陳郁秀女士為本書撰寫的作者序所言，《我家住海邊》不僅僅是一個好節目、更是一個願景，是每個孩子可以大聲說出來的宣言：「我家住海邊，我們是台灣特有種！」

　　貓大大和貓小小已經出發，屬於海洋之子的故事即將展開，荒謬又有趣的旅程即將啟程，讓我們一起帶著好奇的心、探索的眼光和行動，從腳下出發航向世界。

# 第**1**種密技

## 暗夜海上的蹦火仔

# 線索猜一猜

船上有水、電石、 打火機，這三樣東西要怎麼捕魚呢？

這種石頭聞起來有瓦斯臭臭的味道。我猜應該是用打火機點燃電石，然後往海上有魚的方向丟，電石碰到海水就會「蹦」的爆炸……

那這瓶水的功用是什麼？

這……可能是炸完之後，魚會有味道，就拿水來沖洗。

你看，船上還有一些特殊的東西。

有鐵桶……咦，裡面裝了電石！還有一根奇怪的鐵桿，前端有一個類似章魚腳的爪子，這些東西應該都有關聯……

根據我的調查，水和電石一接觸，會

＿＿＿＿＿＿＿＿＿。

線索 1

水、電石、打火機

線索 2

船上的裝備

裝電石的桶子

連著管子的鐵桿

電石

火嘴

猜猜看，
答案是什麼呢？

❶產生易燃氣體，點火時會發出「蹦」的巨響。

❷爆炸，並噴發出火花。

❸將電石溶解成易燃液體，點火時會發出「蹦」
的巨響。（答案在第 27 頁）

15

# 漁達人隱匿的地點
# 磺港漁港

早期，磺港是因為磺溪的出海口而形成的天然漁港，東北邊有金山岬角獅頭山作為屏障，是一座良好的避風港。

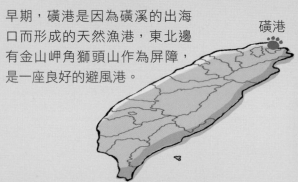

磺港

魚路古道

磺港位在新北市金山區磺溪的出海口，三百多年前，這裡就是西班牙人運輸硫磺的港口，因此名為磺港；又因為周圍海域的漁獲豐富，百年前就是非常發達熱鬧的漁村，並且發展出台灣北海岸特有的「磺火漁業」，俗稱「蹦火仔」漁法，目前只剩下這裡還保留這具有百年歷史的傳統漁法。

不只海上有魚，山裡也有魚。日據時代由於物資買賣受到管制，漁民想要多賺一點錢，就會偷偷挑著漁貨連夜徒步八、九個小時，翻山越嶺到台北市區去賣，走出了一條全長約三十五公里的「魚路古道」，舊時叫做「金包里大路」。

依山傍海的磺港不只有漁村的景觀，可以看到漁人忙時進出漁港，閒時補網晒魚；往溪邊走，還有許多公共溫泉浴室及溫泉館，泡腳池裡的泉水是含有豐富鐵質的「黃金之湯」。往山上走，步道蜿蜒曲折，房子錯落有致，彷彿可以體會百年前「路無三尺平，厝無三間直」的當地諺語。

停靠在磺港的漁船有兩個特色，一是漁船船底不會被藤壺吸附侵蝕，因為磺溪溪水含有硫磺的緣故；二是漁船除了一般捕魚的設備，還裝滿了大大小小的燈泡。

水、電石和打火機，一定跟蹦火仔漁法有關！

找到那艘有著鐵桶和火把的船，就能找到漁達人。

# 尋找漁達人──蹦火船的火長

一般人會誤以為蹦火仔的誕生，是因為金山地區盛產硫磺而就地取材，但其實電石並不是硫磺。這裡發展出蹦火仔漁法，是因為北海岸獨特的海岸地形、洋流、潮水與青鱗魚習性。每年農曆四月到中秋前後，大批的青鱗魚隨著洋流從北邊一路往南洄游至此，漁民便利用火光吸引趨光性強的青鱗魚出海捕魚，「磺港漁火」便成了金山地區夜晚海上的美麗煙火。

蹦火船是專門捕青鱗魚的漁船，需要七至八名「海腳」才能出海，海腳就是漁船上工作的船員，包括一位駕駛、一位火長、一位負責磺石桶的磺火鉗仔，還有四到五位負責三叉網下網和起網，由於漁獲又多又重，其中，抄網手的體型也比較壯碩。

金山有名的海上煙火，其實就是一艘艘在海上進行捕魚作業的蹦火船的「傑作」。

駕駛負責開船,隨時注意火長的指令以便快速航向魚群聚集的地方;磺火鉗仔要專心聽乙炔氣壓是否剛好,控制放水、洩壓的時機,並且要非常謹慎注意電石桶的狀況;而火長則是蹦火船上負責找魚、點火吸引魚群,以及指揮船員下網抓魚的靈魂人物。

## 漁達人現身

我就是負責蹦火仔的火長。

好酷的名字!

火長要具備怎樣的技能?

火長通常站在船頭,要練就不會暈船的體質。

掌控火把的人就是火長。

還要學會如何在黑漆漆的海上找魚群。

我們在夜晚看得最清楚了!

一艘蹦火船完備出港。

還要學會操控火把,更不能害怕蹦火。

蹦!

19

# 飛「魚」撲火的燈火漁業

電石桶一加入水，就會產生易燃氣體乙炔。操控火把就要非常謹慎小心。

蹦火船晚上才會出海捕魚，因此白天漁人們都在家裡休息補眠，下午五點才會聚集準備。準備出海作業最重要的就是檢查船上設備。

　　這種利用魚的趨光性所採用的漁法叫做燈火漁業，也叫做「焚寄抄網漁業」。最早是漁人在海面上點燃竹製火把誘捕魚而來，出海的漁船除了傳統的火把，也曾改為燃燒煤油；有了電力之後，最常見的就是在船上裝集魚燈。

　　碳化鈣，也就是電石，在北海岸俗稱磺石，被漁民拿來當作火把的燃料；漁船上裝設電石桶，一端接上水桶，一端接上火把，將水加入電石桶內，兩個物質的化學作用會產生易燃氣體「乙炔」，乙炔流入導管，導管前端裝有爪狀的火嘴，火長點燃火把時，會瞬間產生強光火焰，以及「蹦」的一聲巨響，驚動趨光性的魚跳出海面「吃火」，此時再下網撈魚，效果比集魚燈還好。

　　出海前的重頭戲就是準備電石，確認電石桶的安全狀況，查看連接水桶及火把的導管是否接好，有沒有破洞，並檢查電石桶的蓋子有沒有蓋好或是破損。因為如果水一旦加入電石桶內，化學反應一起，乙炔氣體從破損的管子或蓋子漏洩，一不小心星火可能會變成燎原大火，船隻和船員可就遭殃了！

電石加水會產生乙炔，這是易燃氣體……再點火，這電石就會瞬間著火。

快！快！快滅火！

電石滅火不能澆水，水只會助長火勢。

危險動作，請勿模仿！

## 需要眾人合作的蹦火漁法

　　蹦火仔不像現在一般燈火漁業，抵達漁場後，點了集魚燈，就等待魚群聚集那種守株待兔的做法。蹦火船出海後，要不斷移動捕魚，火長會拿著探照燈尋找魚群，蹦火船比較多的時期，各漁船還會互相通報哪裡有魚。

　　火長找到青鱗魚後，伺機點燃火把，「蹦」的一聲，火光乍現，原本在水下的魚群受到擾動，也被水面上的火焰吸引，紛紛躍出水面，此起彼落的青鱗魚反射火光，水面上一時劈哩趴啦，就好像是水面上的煙花一樣，非常好看。而火長眼睛盯著魚群，在適當的時機大喊：「下落！」當抄網手把網子放入海裡時，火長要迅速移動火把，引導青鱗魚跳到網子裡，抄網手再合力把蹦蹦跳跳的青鱗魚撈起來。一艘蹦火船，一天出海捕捉到的青鱗魚的紀錄，最多曾經有八百六十六簍，重量可達三十噸。

火長用探照燈找魚

蹦火及下網

火長將火把移動到網子上方

　　青鱗魚的學名是黃小沙丁魚，屬洄游性魚類，夜晚喜歡待在近海淺灘，有非常強烈的趨光性。燈火漁業主要捕捉的魚有鎖管、鯖魚、丁香、及青鱗魚等，其中就以青鱗魚最為活潑，趨光性最強，非常適合使用蹦火仔漁法。青鱗魚大約成人的指節大小，最大可達十五公分。早期為了方便保存，一撈起青鱗魚，漁人大多會直接烹煮熟成定型，或是晒成魚乾，是當季漁人們十分重要的收入來源。

> 蹦火仔漁法不會讓人晒黑。

> 是燻黑。

漁村漁人閒時修補網

昔日晒魚的景象

圖片提供／北海岸在地人文體驗平台 郭慶霖

起網

利用蹦火仔漁法捕魚，一整個夜晚下來，船員的臉都會被燻黑。

23

## 溫室效應以及海水汙染的影響

近年來，青鱗魚銳減了很多。青鱗魚這種洄游的魚類，是靠著洋流的溫度在海洋中巡遊，如果近海海水溫度升高 1 度，魚就會往外三、四公尺，那麼漁船也得往更遠的外海去捕撈。

二〇一六年，一艘貨輪「德翔台北號」在行經石門外海時機械故障缺乏動力，被海浪推往岸邊卻觸礁擱淺，導致船身破損最後斷裂，燃油外洩達三百多公噸，造成附近海洋汙染，影響生態十分巨大。青鱗魚每年從北方洄游到台灣北海岸的第一站，就在石門的十八王公，但那一年農曆四月整群青鱗魚就跳過十八王公，直接到貢寮的澳底。

五、六十年前磺港還有五十多艘蹦火漁船，後來由於捕捉效益等等的緣故，蹦火仔漁法逐漸沒落，到了今年蹦火船也只剩下一艘出海作業。為什麼青鱗魚會變少呢？有專家認為是海水溫度升高，或是海水受到汙染所導致，並沒有確切的原因。而蹦火船每次出海的花費比別的漁船高，例如電石的補充、海腳的人數等，如果抓的魚所賣得的錢不夠多，那蹦火船就難再以蹦火仔漁法繼續捕魚。

蹦火仔是非常要求團體合作的漁法。

有人找魚、有人掌舵、有人蹦火、有人撈魚……缺一不可。

火長要指揮這些人，真厲害！

## 成為文化資產的蹦火仔

　　如果蹦火船已經捕不到魚，那燈火漁船可以嗎？燈火船主要捕的是鎖管，也就是俗稱的小卷，有時候也會捕到青鱗魚、小卷和鱙仔魚等。小卷和青鱗魚一樣具有趨光性，漁人在漁船上安裝利用引擎發電的電燈，它可以很方便高高的掛在船頂，也可以放到距離魚更近的海水裡面，俗稱「空中燈」和「水底燈」。

　　燈火漁船將空中燈點亮後吸引魚群，燈火漁船的左右兩側各有一根長長的竿子，在水下拉開著一張大大的網，而網的前方則有用來吸引魚群的水底燈。

燈火漁船

空中燈

水底燈

但是這也是蹦火仔很難繼續維持下去的原因之一。

為什麼呢？

因為捕到的魚不夠付這麼多人的薪水……

25

在青鱗魚年年遞減的情況下，也許不久的將來蹦火船就會消失。這種聲光效果十足，又是世界絕無僅有的漁法，受到大眾的關注，並在二〇一五年登錄為「新北市文化資產」。如今僅存的一艘蹦火船，仍年年出海，有時候捕捉得到青鱗魚，有時候一條都沒有，無論捕不捕得到魚，火長和蹦火船總是在港邊等著，因為，魚總有一天會回來。

現在磺港的蹦火船已經剩下一艘了。

為什麼呢？

因為捕不到青鱗魚了……

什麼？！

但我們還是會出海，在金山磺火季時示範蹦火仔給遊客觀賞。

這麼厲害的漁法，一定要讓大家知道！

落空

# 貓大大和貓小小的漁法學習祕笈

### 火長的考驗

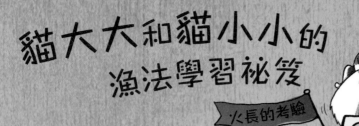

蹦火船出海嘍，你知道誰是火長，
誰是磺火仔，誰是船長，誰又是抄網手嗎？
請根據圖片及人物位置說說看。

你覺得青鱗魚真的會回來嗎？

這麼酷的漁法，好想保留下來，但是要怎麼做呢？

# 第2種密技

## 潛水採石花

# 線索猜一猜

 漁網、角篓用來捕魚很合理，但是鍋子是做什麼用的呢？

 當然是煮魚啊！

 還有潛水設備，表示我們可能要潛到海裡……

 面鏡和這個奇怪的頭套是不是一組的呢？我覺得這個面鏡可能是關鍵，我猜是在水底拍照，或是放大某種東西的功能。

 這把剪刀 可能是把連在石頭上的東西剪下來。

 像是海葵或是海藻……

 根據我的調查，這些東西都是海女在用的，海女是_____。

線索1

漁網

角簍

線索2

鐵鍋

線索3

剪刀

線索4

潛水裝備：

潛水衣、頭套、蛙鞋、膠鞋等

面鏡

呼吸器

猜猜看，
答案是什麼呢？

❶鬼，是住在漁村，類似日本的妖怪之一。

❷一種職業，教人游泳。

❸一種職業，在海上工作的婦女。

（答案在第 43 頁）

# 漁達人隱匿的地點
# 馬崗漁港

有「台灣極東漁村」之稱的馬崗漁村，就位在三貂角燈塔照看下的一處小小聚落。

馬崗

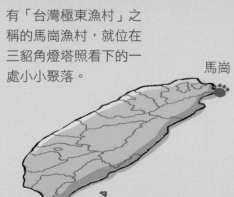

以石頭搭建的防風牆非常堅固，是早期居民躲避颱風十分安全的地點。

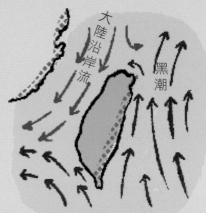

新北市貢寮區，有全台最東邊的漁港——「馬崗漁港」。此地的海域得天獨厚，有溫暖的黑潮和寒冷的大陸沿岸流在此交會，跟著洋流游到此處的魚群互不適應水溫而停滯在此，形成海洋資源豐富的漁場。

此外，這裡還有一條長約一百公尺的海蝕平台，在潮汐漲落之間，形成了一個生態多樣、綠藻資源豐富的潮間帶。男人出外捕魚，女人在潮間帶採集海產貼補家用，就是馬崗居民幾十年來的生活日常。貢寮區曾有半數以上的婦人都是「海女」，目前就只剩馬崗等少數幾個漁村還有。

馬崗漁村的日常風景跟別的漁村不太一樣，大多數的漁村會看到家家戶戶晒魚乾，而馬崗漁村則是晒石花菜。

除了擁有海女這樣特殊的漁達人，馬崗漁村還有最特別的石頭屋聚落，它的歷史已經有一百年了。石頭屋的屋牆和防風牆，是用海邊的石頭或是礁石堆疊搭建出來的，目前僅存的兩棟石頭屋已登錄為新北市的歷史建築。

找到家裡在晒石花菜的人家，應該就可以找到海女。

難道這家就是……

來到馬崗村有時可以看到村民家口前曝晒的一大片石花菜，甚至馬路旁的空地也可以作為曝晒的空間。

# 尋找漁達人——海上的美人魚

　　海女不是鬼，也不是游泳教練，真的要説，還比較像是美人魚。海女沒有配備潛水器具，只需吸足一口氣就能潛入海底，這項古老的職業在亞洲已經有兩千多年的歷史，在日本、韓國也都有海女，甚至十分知名，還被列為世界無形文化資產。然而卻很少有人知道，台灣就有海女。

　　據説台灣海女是習自日本潛水抓龍蝦、取珍珠的技術，開啟了女性從事海洋漁業的工作。早期海女還得獲得「石花菜採取證」，才能下海採集；除了石花菜，海膽、龍蝦、螃蟹、螺類、海藻等也都採集，目前則以石花菜為主。

　　每年農曆三月，海水依然冰冷。海女們會成群結隊工作，克服變化無常的氣候與海

在台灣東北角潮間帶看到身著輕便潛水衣，戴著頭套和潛水鏡，腰間掛著角簍的婦人，那就是海女了。

流，下潛一到兩層樓的海水深度，採集石花菜。一般潛水客背氣瓶潛水，通常四十分鐘就得上岸，而海女一待就要一、兩個小時，最後還得拖著一大袋的海產游上岸。

她們除了擁有潛水和採集的技能，身體裡好像有個鬧鐘一樣，退潮的時間一到，就開始準備下水。無論是漲退潮的潮汐表，還是海流的方向，或者是不同的季節能夠在海裡找到的好東西，海女都瞭若指掌。

目前海女以採集石花菜為主。

海女都擁有一身潛水好本領。

漁達人現身

我就是海女。

哇，原來不是鬼……

你以為是日本的雪女嗎，真是太失禮了！

真是對不起。

我這一身潛水衣，是不是很像妖怪啊！

除了要會潛水，還要學會哪些技能呢？

還要不怕太陽晒，不怕海水鹹，要注意在潮間帶和礁岩間的行走安全。

最重要的，要能在海裡分辨石花菜。

不是抓魚？

35

## 走在潮間帶的真功夫

走在潮間帶上，不僅要
保護好自己，學會辨識
各種生物，也是海女的
生存之道。

膠鞋

螺類

固著在岩石上的石蚵，用
石頭把殼敲開，挖出蚵肉
直接吃，非常鮮美。

蚵蛇

　　以前海女的面鏡是用牛角或是木頭的框加上玻璃做成的，身上和臉上穿戴著自製保暖衣物，腳上穿著草鞋或布鞋，並非現在防晒防寒的材質，一整天下來皮膚都會晒黑，只剩下眼睛周圍的部分是白的，有時候衣服還會被礁石割破，劃傷手腳。

　　現今海女的裝備升級了，有防寒衣、膠鞋、手套和蛙鏡。防寒衣和膠鞋除了保暖，能夠保護自己不會被礁石割到，在潮間帶和海裡都是。馬崗漁村擁有北海岸最長的潮間帶，這是海浪經年拍打沖刷而成的海蝕平台，退潮的時候可以步行其間，在潮池裡、岩縫處、石塊下可以看潮間帶的生物，像是小魚、小蝦、小蟹、螺類、藤壺、海葵等。春季時，海蝕平台上還會長滿綠油油的石蓴和藻類，就像是一片草坪，十分美麗。

　　石花菜喜歡清澈乾淨的海水，潮間帶附近海水流動快速，尤其大潮時，風浪大、水湍急，海水常保持清澈，因此這裡就成了石花菜的大本營。除了當令的石花菜，在不同的季節，海女還會採集如石蚵、螺類、海膽、紫菜等海產來販賣。潮間帶的礁石凹凸不平，如果不穿保護性好的膠鞋，腳可能就會受傷。早期也沒有戴手套，摘採石花菜的時候，手很容易被礁石割傷；除了礁石，貝類聚集在岩石上，外殼形成尖銳的「蚵蛇」，也要小心避開，以免被刮傷。

潮間帶上有好多海洋生物，直接吃很新鮮喔！

在哪裡？在哪裡？

把殼敲開就是現撈海鮮！

全部都要「打開來」才可以吃……

### 到海裡摘「菜」

　　當潮間帶上的海產採集完畢後，海女戴上面鏡和呼吸器，就是要準備下水摘「菜」了。

　　石花菜是生長在海岸潮間帶的藻類，但是它生長的地點通常位於潮間帶下層，平常不管漲潮或是退潮，都不太容易在陸地上看見，但是一下水，在海中約一到五公尺深的底層礁岩上都可看到。而礁石和礁石之間有空隙，空隙的深淺不一，鮮少被踩踏，所以石花菜長得很茂盛，但如果要採摘礁石間的石花菜就需要非常謹慎，因為礁石的地形崎嶇，一不小心有可能會踏空撞上礁石。此外，海浪來時也要注意，避免被海浪推撞到礁石。

採集礁岩下的石花菜

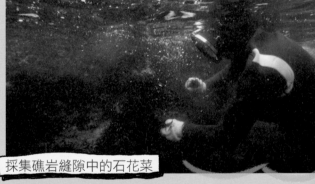
採集礁岩縫隙中的石花菜

農曆三月之後屬石花菜的旺季，石花菜長在潮間帶的石縫間，水位退至最低時會露出水面，這時正是採摘石花菜的最佳時機。

　　海女第一次進行採集石花菜的任務時，必須適應漂浮在海面上的暈船感、蛙鏡壓迫的頭痛、呼吸器咬不緊吃到海水；在海中得學習如何分辨海藻、摘採的技巧，有時候手上還抓著石花菜想要抓下一把時，手中的又不小心流掉；最困難的，恐怕是將石花菜放到角簍中，因為角簍隨水漂流，石花菜又會黏在手套上，一切的動作都需要時間和經驗的累積，才能成為一位熟練的海女。

除了石花菜，還可以採到海膽。

雙手左右開弓能採集一大把石花菜。

## 等待紫色變白色

石花菜採上來後，趁著陽光正強，就要趕快把石花菜攤開晾晒，要晒乾才不會壞掉。因為石花菜有膠質，如果沒有晒，到第二天，石花菜會產生黏性，黏黏的物質就會開始發臭。

隔天早上六點，海女開始一天忙碌的工作，首先把昨天晒過的石花菜再攤開來曝晒。用剪刀將前一天採收好的石花菜剪去蒂頭，髒汙的、不好的石花菜也要修剪掉，並挑出小石頭、死掉的貝類等雜質。已經晒過的石花菜要拿去用淡水沖洗，沖洗後石花菜會變得淺色一點，然後再沖一次水，再拿去晒。這個過程是要消除藻紅素和腥味，並且鎖住豐富的膠質，每天都要做一次，重複這個過程四次之後，也就是經過四天，石花菜就變成米白色乾乾的藻體，那時才可以吃，也才能賣得好價錢。

晒過的石花菜發散著海味，是海女最熟悉的味道。除了做石花凍，石花菜也可以做涼拌菜，海藻有豐富的膠質、礦物質和維生素，也是很好的養分。漁村靠海吃海，三餐一定會有海鮮，而海女更常常以海藻入菜，成了馬崗獨有的家庭海味。

剛採上來的石花菜是紫色的，要經過淘洗和曝晒，等到變成白色乾燥的石花菜才可以拿來製作石花凍。

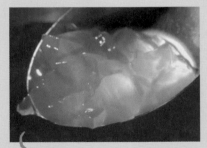

凝固好的石花凍要吃的時候切碎搭配糖水，QQ 的口感像愛玉或仙草，清涼解渴。

**石花凍怎麼做**

第 1 天，貓小小和貓大大洗石花菜

第 2 天，貓大大和貓小小晒石花菜

重複幾天，貓大大和貓小小終於要等待食物出現

是不是很有海味！

噹！噹！甜點出現！

魚呢？

## 天氣好就忍不住下水的海女

目前馬崗海女的採集技術大部分是跟媽媽學的。從事海女工作的婦女通常都是為了貼補家用，明知道海女的工作很辛苦，小孩還是會主動分擔媽媽的辛勞，一起採石花菜。石花菜一公斤大約六百元，一年一季的採收期大約可以賣到六、七十公斤，可以貼補家裡三、四萬元。

馬崗的海女目前已不需要以此為生，但看到天氣好，還是忍不住會去採石花菜。

　　不過現在已經沒有人從事海女這個工作了，這一輩的海女退休後，靠海女採集海藻的這種「漁法」就會消失。因為石花菜除了入菜、做石花凍，也沒有很大的經濟價值，加上如果都是用人工採集、靠太陽曝晒、手工製作的工序，那所花費的精力和回收的收益是不成比例的，這種職業後繼無人也可想而知。但是石頭屋曾經保護著馬崗的人們，海女也曾經支撐起漁村裡的每戶家庭，當他們都消失了，我們會不會也忘了這塊土地的故事，而不知道我們的家鄉是什麼模樣呢？

# 貓大大和貓小小的
## 漁法學習祕笈

認識漁港

漁港有哪些設施，海女又是在哪裡
採石花菜呢？一起來認識馬崗漁港吧！

魚塭　　吊船架　　海蝕平台／潮間帶

防波堤兼碼頭　　碼頭　　曳船道　突堤

東波堤　　　消波塊

海女的工作很特
別嗎？為什麼？

男生不能當
海女嗎？

# 第③種密技
# MAMA 的自然漁法

# 線索猜一猜

 這漁簍應該是捕魚的工具，我看過類似的，比較小型的。

 還有艘這麼大的膠筏，一定是搭膠筏在河流或是湖裡捕魚。

 不過怎麼有一個珠珠飾品，感覺是原住民的東西，而我們又在花蓮，莫非，跟阿美族有關？

 這個白色網狀的東西⋯⋯咦，好重！邊緣全都吊掛著鉛做成的墜子。

 有魚腥味⋯⋯這是漁網吧！哇，這漁網超大的。

 我知道了，這種魚網叫做＿＿＿＿＿＿，是原住民族＿＿＿＿＿族最具代表的傳統漁法。

線索 1
魚簍

線索 2
漁網

線索 3
原住民飾品

線索 4
竹筏

猜猜看，
答案是什麼呢？

❶ 定置網，達悟。
❷ 八卦網，阿美。
❸ 手操網，布農。　（答案在第 59 頁）

47

# 漁達人隱匿的地點
# 花蓮靜浦部落

靜浦，阿美族語為「Ca'wi」，
音札位，意思是「山坳裡的
平地」。

靜浦部落

位於秀姑巒溪口的奚卜蘭島。

靜浦部落位於花蓮縣豐濱鄉的最南端，夾在山間，坐落在秀姑巒溪出海口。由於出海口水域生態豐富，部落主要的原民——阿美族，當年都維持著清晨出海捕漁，或是划著膠筏以八卦網撈捕溪裡的漁獲，生活可說是與秀姑巒溪息息相關。

部落街上的太陽圖騰。

部落裡可以看到有的人家在整理漁獲，有的人家經營雜貨，由於人口不多，街上也很少看到車輛，部落寧靜悠閒，令人心曠神怡。此外，走在靜浦部落隨處可見太陽圖騰，相傳在出海口有一顆石頭，每天朝陽從海面升起時，會反射出光芒讓大地顯得格外耀眼，也有人說，靜浦部落是最接近日出的部落，所以靜浦又有個美麗的稱呼，叫太陽部落。

由於台十一線公路經長虹橋跨越秀姑巒溪時，像是轉一個彎繞過了靜浦部落，因此很少遊客會刻意在此停留。近年來，不少青年回部落推廣原民傳統文化，讓許多人前來體驗部落活動，欣賞靜浦的山海美景。

出海口看不到那顆傳說的石頭，倒是有一座與靜浦部落相望的奚卜蘭島嶼，因為形狀很像兩隻獅子在爭球，所以也叫做獅球嶼。這座小島的位置很特別，一端有沙洲和陸地相連，把太平洋隔絕在外，秀姑巒溪到這裡彷彿就停了下來，使得這片水域如同湖泊般平靜，很適合進行立槳、划膠筏等的水上活動。

找到會撒八卦網的人就是漁達人。

漁達人可能是原住民！

49

# 尋找漁達人——MAMA 的好本領

　　原鄉主要在花東沿海的阿美族，有海洋民族之稱，是非常喜歡吃魚的民族，傳統漁法就有十多種。不過受到人口外流的影響，目前還會使用傳統漁法捕魚的，大概就屬族裡的 MAMA 了，MAMA 是阿美族語「長輩」的意思。

　　以前每個部落青年都是從 MAMA 那裡傳承到技法，可能是小時候就跟著父親到水上，這樣一代仰望著一代站穩膠筏，與河海為伍，使用著八卦網，帶漁獲回來哺育家庭、分送鄰里。部落的青年傳承到的不只是漁法，還有許多的生活技能，例如狩獵、耕作、編織、工藝等，以前的八卦網、魚簍、籃子、竹筏等，都是手工編織或是自行搭建而成的。

　　與捕魚息息相關的漁法之一，就是八卦網，是非常要求體力與技巧的一種漁法，對於部落的男人而言，不僅是生存的技

　　站在搖晃的膠筏上拋撒漁網，看似輕鬆，卻是一件相當考驗體力和平衡技巧的漁法。

藝，還象徵著身為男人的驕傲與責任，具有挑戰的魅力。八卦網網具張開成圓形，與八卦相似而命名。把網子拋向水中這種看似簡單的捕魚方法，其實相當費力，必須划著膠筏，雙腳控制船身的平衡，雙手舉起三到五公斤的漁網，撒出去之後，利用網具的鉛塊讓網子快速下沉，形成鐘形的空間來捕魚，收網時因為漁獲又加重了重量，更考驗著漁人的體力與耐力。

靜浦部落每年還會舉行和豐年祭一樣重要的海祭，來感謝河流和大海。

圖片提供／豐濱鄉靜浦社區發展協會

# 漁達人現身

請問有人會撒八卦網嗎？

街道上人好少……

（原民語）

我聽不懂！

我也是！

你們在找我嗎？

你就是會撒八卦網的阿貝嗎？

我不是阿貝，我是MAMA*，我不只會捕魚，我還會種田、編織，教小朋友族語以及傳統技能。

漁達人是「媽媽」？

*音馬罵，阿美族語長輩的意思。

51

## 阿美族的傳統漁法

在海岸邊看到一根一根斜插在沙灘上的
鋼筋，那就是在捕捉浪花蟹的裝置。

將生魚切塊放入
網袋並綁在鋼筋
上，插在距離浪
花5至10公尺處。

阿美族有各自適合捕撈的地形和魚種的漁法。秀姑巒溪作為台灣的泛舟勝地，有許多的曲流，一般來說，水域彎的地方流速較急，急的地方水深較深，就能吸引大魚，因為水域深，魚才有空間游動，避免被獵。而八卦網尤其適合在這樣沒有太多大石與樹枝阻礙的深潭捕大魚。

馬太鞍部落的巴拉告生態漁法，則是因應沼澤環境及生物所發展製作的一種魚屋，利用天然的竹子、樹枝等搭建一個三層樓房放進河流裡，每一層適合不同的生物居住，魚、蝦等生物被吸引居住期間，人們可以捕捉到多種類的漁獲，生態變得多元，而吸引魚蝦等生物永久留下來，則成為一種永續利用的空間。

還有一種在潮間帶使用的漁法。浪花蟹是潮間帶特有的甲殼類，早年阿美族會抓牠來食用。捕捉牠最快的方法，就是將浪花蟹最愛的生魚切塊來誘捕牠。浪花蟹一般棲息在沙灘浪花可及之處，潛在沙中尋找食物，而魚肉經過海浪拍打，浪花蟹聞到味道後就會慢慢往岸上跑，有趣的是，牠在碎浪區覓食的時候都是倒退著走路，因此也有個別稱叫「倒退嚕」（台語發音）。現在浪花蟹越來越少，阿美族也不再抓來吃了。

等待浪花拍打幾次過後，就可以用籃子撈附近的沙石，篩出浪花蟹。

### 去秀姑巒溪撒網捕魚

每天早晨四點，MAMA 帶著漁具來到秀姑巒溪出海口，岸邊停著一艘膠筏，先將膠筏推到水上，然後划槳來到河口。清晨去捕魚是因為天還未亮，魚群的視線沒那麼好，比較容易捕到魚。

遊客來到靜浦部落，可以參加划膠筏、拋八卦網的體驗活動。看著 MAMA 將魚網隨手往空中一拋，網子瞬間張開成美麗的圓形然後落在水面上，看起來似乎很簡單。但體驗的時候，MAMA 一定要求要先在陸地上練習撒網，那時才知道網子有多重、多大，而光是撒網前整理網具的準備工作，都是一個技術。

雖然多練習個幾次，似乎就可以做出完美的動作，拋出一張又大又圓的網子，但實際站在膠筏上，卻又是另一番工夫。因為水會晃動筏身，腳站著的地方就不那麼踏實，一晃一扭，撒網的動作就會被影響。水性不佳的人，光是要站穩在膠筏上，克服落水的心理壓力就是一項考驗了。

漁網一端的繩索扣在手腕上，將漁網整理好。最重要的是，將漁網下襬的一端披在扣住繩索那隻手的肩上。

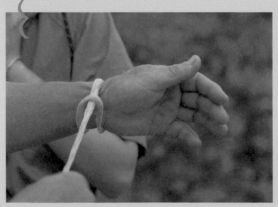

　　熟練的 MAMA 站在膠筏上，一個人就可以持槳划船、找魚、捕魚。水面這麼大，要怎麼判斷哪裡有魚呢？只要觀察水面有漩渦的地方，通常就有魚群聚集覓食，觀察到魚群的地點後，就一邊拿著漁網，一邊將膠筏划到目的地，再拋下魚網。待漁網下沉後收網，收網整理漁獲和漁網時，又操起船槳划動，去找下一處有魚的地方。

到底要練多久才能像漁達人這麼熟練？

我已經甩了五十年了！

另一隻手抓住漁網，利用身體扭腰擺動時，將漁網用力拋甩出去。記得兩隻手都要放開，以免網子張不開。

55

### 秀姑巒溪大冰箱 *cool!*

　　阿美族的八卦網並不是商業捕撈的漁法，而是自給自足的生活方式。八卦網雖然是「一網打盡」，但族人會放生幼小的魚苗。現代人強調的永續，阿美族卻始終都是這麼做。

　　早期沒有能保存食物的冰箱等設備，秀姑巒溪就是他們保存食物的地方，也就是說，要吃魚的時候就來捕魚，需要多少就捕多少，如果多了，也會和沒有辦法去捕魚的族人分享。

　　近年來，在秀姑巒溪能夠捕到的魚越來越少了，這可能跟上游的機械船隻排放油汙有關。除了河川汙染，水裡還有外來種入侵，導致魚群的生活空間受到侵害，這也是八卦網逐漸式微的原因之一。

　　早期一次撒網最多可以抓到約 30 條魚，有烏魚、鱧魚，甚至還有毛蟹。現在利用傳統的八卦網魚法抓到滿滿的漁獲已經非常難了，但是 MAMA 還是不會停止使用八卦網抓魚，這是為什麼呢？因為這是祖先傳下來的，族人不能忘記祖先是這樣抓魚的，世世代代都是跟環境，跟大自然共生共存。

竟然都沒有捕到魚……

可能跟河川被汙染有關係。

什麼？
有人汙染河川？

MAMA 你怎麼都不生氣？

## 最溫柔的漁法

　　除了捕魚，部落裡也有耕地，種著青菜、絲瓜、竹筍等作物。大家都知道哪一塊田地是誰的，取得主人的同意，就可以去採摘青菜、果實，多採一點也無妨，回家的時候經過認識的人家，這裡送點竹筍、那裡送點絲瓜，阿美族族人在互相尊重的前提下，不分你我、相互分享。

　　近年來，部落有許多青年回來，大多是回部落參加豐年祭後，發現自己對部落的文化和祭儀都不懂，就覺得應該要待在部落扎根，把自己的文化和傳統繼續傳承下去。有別於其他的偏鄉部落，靜浦部落的年輕人比較多，都是基於對部落的情感而留下來。

採摘野菜

分享鄰里

因為別人也要生活啊，我們控制不了別人。

那我們要吃什麼？

我們上山去採野菜吧！

野菜？！

八卦網傳承的或許不只是古老的漁法，還有阿美族的漁人精神。它教會我們要懂得知足，夠用就好，要與人分享，以同理心善待他人。最重要的是不能忘本，要溫柔對待哺育我們的大自然，記憶裡的技藝才可以永續傳承。

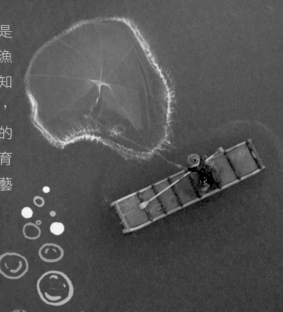

# 貓大大和貓小小的漁法學習祕笈

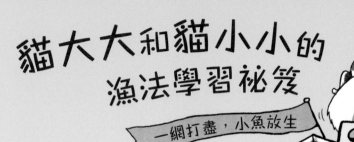

## 一網打盡，小魚放生

八卦網撒下去，捕捉到的小魚要放生哦！
請從起點開始，畫出一張網子連到終點，將大魚 圈進
網子裡，小魚 圈在網子外。

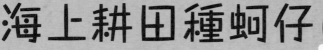

# 第 4 種密技

# 海上耕田種蚵仔

# 線索猜一猜

這些線索真奇怪，跟之前的不太一樣呢！

怎麼會有一把青菜？

這不是青菜，這應該是牧草。

有斗笠、農民曆，怎麼像是農夫要去種田的工具呢？

不過我們是要去海邊，海邊有魚、有蝦、有蛤蜊、有蚵仔，會跟這些有關嗎？

這個長長的繩子是不是掛在海邊養什麼用的？

我知道了，牧草是給＿＿＿＿＿吃的，牠是用來載海邊養殖＿＿＿＿＿的。

海上耕田種蚵仔

線索 1
牧草

線索 2
尼龍繩

線索 3
農民曆

線索 4
斗笠、手套、膠鞋

猜猜看，
答案是什麼呢？

❶馬，螃蟹。
❷牛，海膽。
❸牛，牡蠣。（答案在第 75 頁）

# 漁達人隱匿的地點
# 彰化芳苑

芳苑

芳苑鄉潮間帶因為海水和溪水沖積，形成有機質豐富的黑色泥灘地，而有「黑色大地」之稱，適合蝦蟹貝類生長覓食，生態多元。

彰化芳苑位在海邊，依循著靠山吃山、靠海吃海的智慧，芳苑人很早就開始了捕魚及養殖產業。幾十年來居民靠海維生，每每出海作業時，要非常注意天候及海象，都會祈求媽祖庇佑，因此芳苑擁有全台灣面積數一數二的媽祖廟——普天宮。這座廟宇最早於一六九七年建於海邊，經過幾次搬遷和擴建，至今已有三百年的歷史。

養殖業是西部沿海各鄉鎮重要的產業，靠海的芳苑在大肚溪和濁水溪的沖積下，擁有全台灣最長的潮間帶，漲退潮時浮游生物豐富，很早以前，這裡就是一片一片蚵田，是國內養蚵重鎮之一。和其他養蚵地區如嘉義東石、雲林台西等養蚵的方式不太一樣，芳苑的蚵架屬於平掛式，一根根的木樁插入泥地裡，蚵條左右兩端綁在木樁上，漲潮時蚵仔就會濾食海水中的浮游生物。

潮間帶除了養殖牡蠣之外，退潮時也是蚵農、漁民前來挖掘貝類、螺類的好地方。

此外，一九五〇至一九六〇年代，芳苑還發展出訓練黃牛拉車採蚵的漁法，就好像黃牛在海裡耕田，所以簡稱「海牛」。雖然目前海牛已被鐵牛車取代，但因為此漁法獨特，二〇一六年，「芳苑潮間帶牛車採蚵文化」繼新北市「蹦火仔」後，第二個以漁業文化登錄為台灣的無形文化資產。

潮間帶架著一根根柱子，好像在種什麼？

難道海邊真的有田？

# 尋找漁達人——會訓練海牛的蚵農

　　以前芳苑幾乎家家戶戶都養牛，牛對農家來說，除了犁田之外，還是搬運貨物、承載人們往返兩地十分重要的獸力，因此農人都和牛隻培養了很好的感情。然而獸力已被機械取代，海牛也逐漸淘汰，芳苑僅存的七隻牛中，六歲的「憨牛」是目前仍然會下海的海牛。

　　「憨牛」的性格溫和，十分聽從漁達人的話。漁達人每天一見到憨牛，就會摸摸牠下巴、搖一搖下巴垂下來的皮膚，跟牛隻建立情感，也需要照顧牠的心情，並幫牠準備糧食。漁達人每天都要為九百公斤重的憨牛，準備近二十公斤的牧草作為飼料。由於牛需要拉車載蚵，負重很大，腳蹄走在硬硬的馬路上會摩擦，久了還會受傷流血，漁達人就幫憨牛自製一個橡膠鞋，綁在蹄下，就能減緩蹄掌的磨損。

養蚵是彰化西部沿海歷史悠久的行業。由於芳苑地區的養蚵方式以淺灘區的平掛式養殖法為主，漲潮時蚵田泡在水中吸取養分，退潮時漁民在蚵架下工作。

不工作的時候，漁達人還要帶憨牛去散步，來到一片長滿雜草綠油油的空地吃「下午茶」，就是憨牛最開心的時候。漁達人就會解開繩子「放牛吃草」，這時候，要是拿著牧草餵牠，牠還不願意吃呢！

特製的鞋子。

蚵農都十分照顧海牛，餵食、洗澡、做鞋子，就像爺爺疼愛孫子般用心。

漁達人現身

你看，那塊空地上有牛！

難道這次的漁達人是一隻牛？

我才是漁達人，這隻是我養的海牛！

海牛？這不就是黃牛嗎？

沒錯，我們這裡的黃牛會在農地裡耕田，也會去海裡耕田喔！

哇，真厲害。

所以這次我們要學會的就是養牛……

## 照顧海牛不簡單

圖片提供／芳苑海牛學校

芳苑飼養黃牛不僅作為耕種、運輸，還因為蚵田的關係，使得海牛的訓練、工作型態，成為芳苑蚵田獨特的文化。

其實海牛就是耕田的黃牛。海牛的訓練，是讓平時只是在陸間行走的牛車，也可以在潮間帶來去自如。六〇年代，芳苑的蚵農發展出讓黃牛早上耕田，下午耕海的獨有漁法。全盛時期，芳苑曾有多達三百頭以上的海牛。

但並不是每一隻黃牛都可以訓練成海牛，要看牛隻的體格和個性，有時候十隻都不見得有一隻可以訓練成功。訓練黃牛的成功率並不高，為什麼還要以黃牛為主呢？因為黃牛天性怕水，對海水的敏感度高，每當漲潮時，黃牛為了自身安全，走在潮間帶會提高警覺，因此海牛採蚵就成了最佳的運輸方式。

要讓海牛習慣踏進海水，得經過三個月至一年半的訓練，這樣海牛才能在深淺不一的沙洲上分辨危險；即使漲潮，潮間帶也難以通行船隻，但海牛卻能來去自如。

訓練完成，經過和蚵農相處多年的默契，海牛要上工時，只要漁達人將牛車的拉桿放在海牛的面前，海牛就會主動低頭將自己套進拉桿內，不用蚵農趕也能自行走到自己家的蚵田。海牛拉車行走在路上十分穩當，剛開始訓練時碰到下坡，漁達人還需要藉由牛車上的煞車，幫忙海牛控制步伐，時間一長，遇到下坡海牛也能夠自己「踩煞車」，牛車上的煞車也可以卸掉。

## 海牛、鐵牛比一比

八〇年代鐵牛車出現，鐵牛車就是以機械引擎為動力的貨車。因為有著比牛隻容易照顧以及速度更快的優勢，芳苑的海牛便迅速被淘汰。目前芳苑僅存的七隻海牛已經都不需要耕田，而照顧海牛、以海牛下海採蚵的蚵農也剩下少數還在堅持的耆老。

雖然牛車看起來緩慢，但也不是全然沒有優點。經過訓練的海牛個性穩定，不怕噪音，無論在路上、在潮間帶，海牛漫步其間，都能穩步向前，乘坐的人也感到十分平穩，不會像搭乘機動車那樣遇到道路顛簸就被震得晃來晃去；即使在小路上遇到對向來車，海牛聽到轟隆隆的聲音也沉著穩定，自己閃避。雖然沒有鐵牛車的快速和便利，但是在潮間帶上，還是有鐵牛車到不了的地方，例如比較溼的沙地、泥土地，而海牛就不受影響，可以走進比較窄小和泥濘的地方。

並不是每一隻黃牛都可以訓練成海牛，但只要訓練成功，就是蚵農最得力的助手。

　　由於養牛的耆老已經年屆高齡，養牛的蚵農退休，年輕人也不養牛的話，那麼海牛就一定會消失。所幸近年在文史工作者的努力下，成立了「芳苑海牛學校」，不只是推動海牛觀光，還教人養牛、訓練海牛，希望未來的子孫也能看到芳苑海牛採蚵的美景。

雖然大部分蚵農已改用鐵牛車來載運收成的牡蠣，但只要海牛還沒退休，蚵農仍會駕駛著牛車前來蚵田工作。

我感覺我是國王出遊。

坐牛車真舒服，不吵也不顛。

## 去潮間帶種蚵

芳苑蚵農最主要的工作就是養蚵和採蚵。蚵仔就是牡蠣，蚵苗不用抓也不用買，只要幫牠們蓋好房子，就會自己來入住。但是架蚵田可沒想像的簡單，得把挖蚵剩下的空殼回收再利用。線索當中的那條繩子，就是用來綁蚵殼，也就是幫牡蠣蓋房子的啦！

芳苑人從小就要幫忙家裡綁蚵殼，十二個蚵殼綁成一串，然後二十串再綁成一大把，就可以拿到潮間帶去放養。透過海水的傳遞，海裡的蚵苗就會附著在蚵殼上，一年之後就能長出結實累累又鮮美的蚵仔。

漁達人在潮間帶的蚵棚一共有四百條蚵串，綁在繩子上一開始的時候只是一個拳頭大的殼而已，經過八到十二個月，才能長成一大串的樣子。在養殖期間，漁達人不時都要巡蚵田。蚵仔最大的天敵是「歐雷」，也就是蚵螺，蚵螺常會附著在牡蠣的外殼，藉機吸食蚵肉。

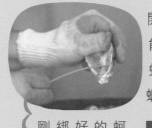

剛綁好的蚵串，每一顆只有一片蚵殼而已。經過一段時間就能長成一大串。

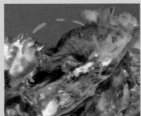

為了讓蚵仔能長得個兒大又飽滿，漁達人只要有空就會下水洗蚵條，把蚵螺洗掉。

採收時，帶著手套拿著剪刀剪斷蚵繩，將一串串蚵串放到籃子裡。因為蚵殼上都會附著許多東西，外殼刺刺的，如果穿短袖或不戴手套，一不小就會被刮傷。

轉過來，再轉過去，拉緊……

你的手打結了啦！

## 蚵農的好夥伴

早期農家會把耕田的牛隻視作家裡的一員，並且因為牛隻任勞任怨，奉獻一生在農務上，生活等於和農人同步，和農家感情十分親近。因此當牛隻年老無法再耕作時，農人仍會照顧牠到終老，甚至會有種田的人家不吃牛肉的默契。芳苑飼養海牛的蚵農也一樣，他們並不把海牛當成是提供勞力的牲畜，而是把牠們當家人，工作結束後，還要親自餵食牧草、刷洗身體；退休後，海牛和蚵農互相陪伴，一起散步、一起度過餘下的每一天。

海牛步行穩健，在水中踩踏謹慎，不會對牡蠣造成損傷，運送牡蠣也相對安全。

 我家住海邊。

一隻退休的母牛已經老得不能再站起來的時候，蚵農會溫柔的跟牠說：「牛牛，真的很感謝你，以前為我們這個家庭，辛苦你了。」

每一頭海牛是蚵農的好夥伴，而蚵農也是陪伴海牛一生的家人。

手好痛！

好重！

終於採收完了。

回去就能吃了，再辛苦也值得。

採收回來的蚵串還要剝殼，才能得到蚵仔。

什麼？還要剝殼？

已昏

# 貓大大和貓小小的漁法學習祕笈

## 認識養蚵方式

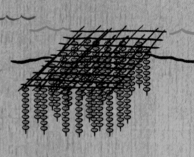

下方是三種蚵田種植的方式，請根據圖片和提示，把適合養殖的地點和縣市連起來吧！

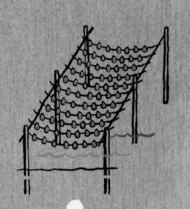

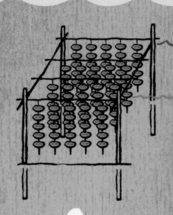

**？ 站棚式**

又叫垂吊式，適合水較深的岸邊。主要使用的縣市為台南、雲林。

**？ 倒棚式**

又叫平掛式，適合淺海沙灘。主要使用的縣市為彰化。

**？ 浮棚式**

適合水較深的岸邊。主要使用的縣市為嘉義。

鐵牛車比較方便和快速，為什麼還要用海牛？

沒有人養海牛，海牛就會消失，該怎麼辦？

75

第 5 種密技──
數魚的歌謠

# 線索猜一猜

 青蛙裝、漁網、撈網都跟漁業有關。

 而且撈網很小，表示是撈小魚。

 但是響板、麥克風、算盤，和魚有什麼關係呢？

 想一想，這些東西都跟什麼有關？

 響板是打節奏用的，麥克風用來唱歌，算盤可以數數……

 我知道了，這是養殖漁業很特殊的一種歌，叫做 _____。

線索 1

響板、麥克風

線索 2

算盤

線索 5

青蛙裝、凳子

線索 3

碗

線索 4

漁網、小撈網、樹枝

猜猜看，
答案是什麼呢？

❶ 數魚苗歌。

❷ 數魚卵歌。

❸ 數雌魚歌。 （答案在第 91 頁）

# 漁達人隱匿的地點
## 台南七股

台南七股的水產養殖是台灣歷史較悠久的地區，大多是以文蛤、白蝦與虱目魚混養，虱目魚又會清除水裡的藻類，穩定水質，是十分友善環境的養殖方式。

七股

七股區有一座台灣極西燈塔——國聖港燈塔，它聳立在頭頂額沙洲間。

七股區位在台南市的最西端，濱海一帶的地形多為潮汐灘地、沙洲和潟湖，早期是台灣重要的鹽場所在地，晒鹽的歷史有三百多年，大家對它最熟知的就是鹽田和鹽山。此外，曾文溪口溼地為黑面琵鷺保護區，二〇一四年，全球普查黑面琵鷺總數為兩千七百二十五隻，台南市即占近半數的一千兩百四十六隻，是全世界黑面琵鷺最重要的度冬地點之一。

虱目魚苗是台南地區主要養殖的魚種，魚苗買賣由來已久。早期魚苗昂貴，因此數魚就成了養殖業中十分重要的一環。

漁業是七股區最主要的產業，除有曾文溪外，還有三股溪（大塭寮大排）、樹林溪（七股大排）、七股溪、六成排水、大寮排水等，給水排水的系統十分完整，因此養殖漁業也發展得很早，有陸上魚塭養殖和淺海養殖，養殖面積達四千餘公頃，是全台第一。

台灣水產養殖生產量第一是吳郭魚，第二是虱目魚。而台南就是台灣養殖虱目魚歷史最悠久、規模最大的地區，當地人稱虱目魚為「國姓魚」、「安平魚」。早期養殖虱目魚的魚苗是從大海裡捕撈來的，現在大部分都是以人工繁殖為主，而買賣魚苗時以人工點數數量，每個漁人在點數時都有其獨特的唱調，成了沿海漁業最有意思的養殖文化。

快點找到會唱歌的漁達人吧！

這裡一格一格的魚塭，裡面一定很多魚。

# 尋找漁達人——養殖虱目魚的達人

　　來到台南七股區的篤加社區，社區約兩千位居民，不論遇到什麼人，他一定姓「邱」。篤加社區是全台保存最大，最完整的血緣單姓聚落，社區內還有一間文史館，保存著一份完整的族譜，詳細記載每一代的發展。

　　從廈門移居到篤加社區的邱姓家族，兩百年來已經發展到第十二代。篤加村民大都以養殖漁業為主，目前全村約有七百甲土地，大約六百八十公頃，相當於九百五十座足球場那麼大，其中養殖漁塭約四百五十甲，養殖的魚種主要是虱目魚、烏魚和鰻魚。

　　早期漁業養殖以虱目魚為主，漁民買賣魚苗時，點數數量沒有別的方法，就以人工數數，剛開始有的人數數不出聲，常常容易算錯，後來大部分的漁民數魚苗時都會唸出數量，一方

數魚歌是買賣虱目魚苗所發展而來的數數歌謠，目前只有幾位耆老會唱。而這些只屬於自己的歌曲，年輕人要學也不容易呢！

面出聲音讓自己聽到，不至於被干擾，一方面讓買賣雙方聽到以示誠信。之後就演變成漁民會利用一些曲調或節奏，幫助自己數數，形成了沿海養殖漁業十分特殊的「數魚歌」文化。

　　篤加社區的年輕人大多沒有經歷過虱目魚養殖的全盛時期，雖然也有人從事養殖漁業，但是現在已經很少採用數魚歌計數，而改用新的技術與電子計數方法。目前還會唱著數魚歌的人，大部分已經是七八十歲的耆老，每個老漁人都有自己「編曲」的數魚歌，他們都沒有人教，而是經過許多次的數魚經驗才唱成自己的「主題曲」，在一旁聆聽的人們要學，也不是一件容易的事呢！

篤加社區是全台最大最完整的「邱」姓單姓聚落。

## 數隻數隻到底有幾隻

為了精確計算魚苗數量，這些看似簡單的碗盆和樹枝，加上個小板凳，就成了數魚苗不可或缺的道具。

圖片提供／篤加社區發展協會

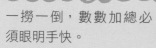

一撈一倒，數數加總必須眼明手快。

早期篤加社區幾乎所有人都在養殖虱目魚，魚苗養殖期，到處都可以聽到數魚歌聲。仔細聽，歌曲中的「歌詞」，是在算魚苗的數量，由於每個人每次撈魚的數量不同，因此報數和加總的數量也不同，數魚歌的歌詞也不會是一模一樣。

「兩尾、三尾，共五尾；五尾，共七尾；七尾，共十一尾；十一尾，共十三尾；十三尾、十七尾、十九尾；十九尾，共二十三尾；二十三尾，剛好共三十尾⋯⋯」七十幾歲的漁達人拿起碗往裝著魚苗的水盆裡撈，碗裡的小魚游來游去，他一眼就看到數量，將碗裡的魚倒入另一水盆裡，接著唸出尾數。數字當中的「共」，就是指加上幾尾一共幾尾的意思。這樣一撈一倒，口中還有節奏的念著數量及加總，一點都不會亂掉。

聽一段數魚歌

「這兩尾啦加一尾三尾，三尾加一尾四尾，四尾這咧二尾咧六尾，這兩尾八尾擱兩尾十尾，十尾三尾咧十三哪，十三三尾哩十六，擱一尾哩十七。五尾咧二二啦，二二加三尾咧二五咧，二尾咧二七⋯⋯」另外一位漁達人的數魚歌則會念出幾尾加幾尾，有時候還會連加，就看每位漁達人撈魚的狀況與節奏而定，頗有現在饒舌歌手即興唸唱的功力。

聽合唱數魚歌

直到數到「連一」，就是一百隻的時候，就要折一段樹枝或是，將一根塑膠杆丟入水盆中做記號，一段樹枝就代表一百。

結果是上數學課！

魚都撈起來了卻不能吃！

## 人聲樂團唱出和諧的數魚歌 ♩♪♬

　　一個魚塭，差不多有一甲大，如果要數在魚塭裡人工繁殖的魚苗有多少，就要拉起一張大網把魚塭給圍起來，光是這項工作就得花上一小時。把魚都圍在網子裡之後，就把網子收到一個小範圍，這樣魚就都集中起來了。

　　把魚集中起來之後還不能開始數魚，因為現在魚塭中都是採取混養，虱目魚大多都和白蝦養在一起，所以圍網之後的第一件工作，就是將跑進網子裡的蝦子撈出來。

　　再來就是要過篩。用網籃撈起魚苗，讓小隻的魚苗篩下去，留下大隻的魚苗。篩的方式是要搖動網籃，但也不能太大力，不然會傷到魚；如果浸入的水太深，魚苗只是在裡面游動，就不會鑽出去。網籃要跟著身體的律動一直轉圈圈，再上下甩動幾次，

2 把混養的蝦子撈出去

1 圍網

兩吋以下的魚就會被篩出去了。最後留在網子裡的,才是可以賣出去的兩吋魚苗,漁民就可以準備來數魚了。

　　當魚苗買賣時,每次看魚苗量有多少,就會安排多少人去算魚苗。數魚歌不僅有「獨唱」,很多時候都是「合唱」,而且是五、六個人數魚的時候最好聽。四、五個人一起唱歌竟然不會互相干擾?其實在算魚苗的時候只要專心,我算我的,你算你的,台語數字的唸唱自然而順暢,聽起來竟然會成為非常和諧的「人聲樂團」。

一天下來可能會數到六、七萬隻呢!

這魚塭裡的魚苗都要數完嗎?

**3** 過篩兩吋的魚苗

**4** 開始數魚

## 唸出聲音才不會出錯 2,3……

　　海邊特有的古謠「數魚苗歌」，在地的名稱是「叫魚栽」或「siáu 魚栽」。魚栽就是台語魚苗的意思。目前全台僅存保有數魚栽文化的三個地區，分別在屏東楓港、彰化花壇，以及台南七股和台江一帶，各地音調各有特色，而同一個地區每個漁人的唱法也不盡相同。

　　早期虱目魚苗仰賴從沿海捕獲的天然苗，每一尾得來不易，非常珍貴，因此點數正確的魚苗數量是很重要的事。數魚數出聲音來，例如「兩尾加三尾、五尾加兩尾、七尾……」買家聽到聲音也會知道有沒有出錯。如果買家要一百尾，而最後數一數少了兩尾的話，這罰則最少可是要賠十倍，也就是要賠二十尾魚苗，以前還有罰一百倍的呢！所以數魚苗一定要公正，只能多，不能少。

圖片提供／篤加社區發展協會

　　民國七十一年以後，虱目魚進行人工繁殖，魚苗取得容易，價格也大不如前。以前一尾兩元至三元，現在一尾兩角，買賣的時候魚栽行算好一桶的數量，其他一桶一桶差不多的數量就可以了，因為價格並不會相差太多，買

早期的篩魚、數魚工具採用天然材料製成，現在的設備和工具都有改善，但工序與流程仍維持傳統，毫不馬虎。

圖片提供／篤加社區發展協會

方也不會一尾一尾算魚苗的數量,因此數魚苗歌也就逐漸失傳了。目前也只有老一輩的才會唱,如果魚栽行需要數魚苗的人,就會專門請會唱的耆老去數魚。而現在魚塭養魚的人大部分都是在心裡默算,有的在心裡數到一百就丟一支筷子,有的會數到一千。

2+3 等於 5 尾,5+2 等於 7 尾,7+4 等於 11 尾,11-2 等於 9 尾……

不可以偷吃魚啦!

## 青銀相挺,互漁換工

　　篤加社區裡,繼承家裡的魚塭事業的年輕人不算多,但邱氏大家族總是團結合作,互相幫助。魚塭收成時,目前的第九代年輕人會到魚塭和村裡的耆老互漁換工;漁村裡男丁稀少,因此彼此間,都會趁著閒暇時期換工幫忙。換工在早期農業社會十分常見,在農忙需要人力的時節,還沒收成的人家,就會去幫忙其他農家,換得薪資、吃頓飯,等到要收成時,已經結束收成的農家就會反過來幫忙。

青銀傳承,相互協作,應是篤加社區最美的一幅畫。

89

社區裡的第九代才三十多歲，並未參與到養殖虱目魚的全盛時期，對於數魚苗歌，更是只從阿公口中聽過。互漁換工時，有時候聽到耆老們唱起數魚歌，會覺得十分特別，彷彿這是魚塭工作裡最快樂的事情；如果有一天再也聽不到數魚歌了，不知道心裡會不會自動響起屬於自己的數魚歌。

數魚歌沒有一定要怎麼數，自己算清楚就好。

每次五條最方便，五、十五、二十、二十五……

好像划酒拳。

小皮球，香蕉油，滿地開花二十一，二五六，二五七，二八二九三十一……

二十一前面是怎麼數的？

# 貓大大和貓小小的漁法學習祕笈

## 唱一首自己的數魚歌

用畫圈的方式，每次圈 1 到 5 隻，
不可超出 5 隻。邊圈邊數邊加總，
編出一首屬於自己的數魚歌，並算一算，這裡有幾隻魚。

第 6 種密技

相揪櫓魚栽

# ? ? 線索猜一猜

 有膠鞋，有網子……

 這簡單，一定跟下海捕魚有關。

 這裡有一個燈，是頭燈。

 要使用到燈的話，表示是在夜晚捕魚。

 這網子跟蹦火船的手操網很像。

 還有一張照片，拍的是好小隻的魚……

 我知道了，我們這次要學的，是早期台灣養殖業很重要的一環，就是＿＿＿＿＿＿。

線索 1

三角網

線索 2

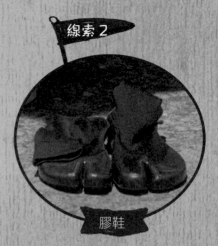

膠鞋

線索 3

頭燈

線索 4

鮻米仔

猜猜看，
答案是什麼呢？

❶撈魚卵。

❷捕產卵的雌魚。

❸捕魚苗。（答案在第 107 頁）

# 漁達人隱匿的地點
## 楓港漁港

楓港

楓港位於往來台東和墾丁國家公園的交通要道，途經的遊客多半會停留此地品嘗烤魷魚、烤鵪鶉。

楓港是屏東縣枋山鄉的一個村莊，西濱台灣海峽，處於中央山脈末端。曾是台灣西部通往台東與恆春的交通要道，也是臨近山區原住民和平地往來的必經之地。現在則是屏鵝公路北段和南迴公路的終點，也是屏鵝公路南段的起點。

依山傍海使得楓港居民自古就是半農半漁，早期居民山上砍柴製作木炭，農閒時就進行簡單的漁事。瓦斯普及，以及虱目魚苗養殖技術進步後，村民改抓山上的伯勞鳥，貼補家計。當時往墾丁路上，只要看到林立的烤鳥招牌，就知道楓港到了。現在屏鵝公路上還可以看到烤鳥攤，不過因為保育的緣故，現在烤的都是養殖的鵪鶉了。

強而有力的落山風使得蔥葉倒伏，所有的養分都會集中在球莖，這就是屏東洋蔥特別鮮甜的原因。

每年九月到隔年的三月，強勁的東北季風吹到此地形成「落山風」，楓港舊名就叫做「風港」。落山風對於種植洋蔥很有幫助，因此屏東一帶的洋蔥特別甜美。而屏東日照長，溫度高，也很適合種植愛文芒果。楓港三寶——芒果、洋蔥和魚苗就成了此地的特產。

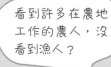

看到許多在農地工作的農人，沒看到漁人？

聽說他們早上種水果，傍晚去捕魚，現在去田裡找農夫就對了！

成家住海邊。

# 尋找漁達人——
# 擁有多重身分的斜槓達人

　　捕魚苗在台灣有百年以上歷史，漁人們在出海口岸邊，用三角網迎浪捕撈洄游性魚苗。楓港早期撈的是天然的虱目魚苗，季節一到，漁人人手一支三角網站在河口撈捕，而漁販就等在一旁準備購買，買賣時也會唱起數魚苗歌。

　　後來養殖漁業盛行，楓港人也就不再捕撈虱目魚苗，取而代之的，則是這裡夏天特有的「鯰米仔」——蝦虎魚苗。因此，只要時候一到，捕魚苗在楓港就像是場地方盛事、夏季慶典。夜晚海邊亮起點點燈火，漁人拿著三角網在海浪裡一下一上，美麗特殊的景象常吸引攝影愛好者前往取景。

鯰米仔洄游到楓港時，出海口會聚集漁人「櫓魚栽」。魚栽就是魚苗的意思，以三角網撈捕魚苗成了楓港人的夏季慶典，夜晚的海邊燈光點點，彷彿夜市般熱鬧。

　　目前只有楓港及台東部分地區，有抓鯰米仔的經濟活動，也只有在當地和鄰近地區吃得到鯰米仔，可說是季節與地區限定的風景和料理。

　　楓港的漁達人在夜晚捕撈魚苗直到清晨，有的就在海邊將撈起來的魚苗分離出雜質如石頭、貝殼，或是其他魚苗；有的就帶回家給家人挑選後，再拿到菜市場販賣。接著趁著太陽還沒升起，就去果園摘芒果，因為如果九點過後，芒果被太陽照射到的話，就會變黃，不夠漂亮了。

　　農事結束後，漁達人就前往楓港社區生活文化館，化身成解說員，準備為遊客解說楓港的故事。

楓港依山傍海，楓港人也多半農半漁。

漁達人現身

前面來了一個揹著竹簍，裡面裝滿芒果的人。

那是種水果的農民，不是我們要找的人。

我就是你們要找的漁達人。

可是……你怎麼在種芒果？

我白天種芒果，晚上捕魚。

雙重身分，好厲害！

我還是生活文化館的解說員。

三重身分！超斜槓！

## 聽鯰米仔的故事 ))) ))) ))) ))) )))

鰕虎魚吃素，愛吃河底藻類，所以只能生長在有利藻類繁殖的乾淨溪流。

日本禿頭鯊成魚頭圓圓的，又被稱為和尚魚。

　　鯰米仔的中文叫日本禿頭鯊，日本禿頭鯊可不是鯊魚，牠是「鰕虎魚」。台灣洄游性的鰕虎魚有十幾種，大部分的成魚會在河川中上游選擇扁平石頭做為產卵的地方。雄魚用嘴巴將石頭底部的泥沙清除，挖出一個小洞；雌魚再將卵塊黏附在石頭底部。雄魚照顧數天之後，卵便孵化成幼魚，並隨河水流入海中，在海洋中度過一段浮游時期。

　　而同樣在河裡誕生，在海中成長了一段時間的鯰米仔，每年六到八月，在大潮的漲潮時，會從出海口洄游而上。夜晚魚苗會放慢腳步，並逐漸靠向水流較緩的岸邊，這也是最容易在浪頭處，被漁人捕撈的時刻。除了屏東枋寮、楓港，東部的太麻里溪、金崙溪都看得到日本禿頭鯊，在這個季節也都看得到漁民手持三角網在出海口潮間帶捕撈鰕虎魚苗。

　　鯰米仔乍看有點像魩仔魚，但牠比魩仔魚的體型還要大一些。剛捕撈上來的鯰米仔全身透明，可以看到頭部紅色的鰓和身體內的血管。由於富含高蛋白質及鈣質，加上產量不多，因此是當地居民的額外收入以及具營養價值的食材。鯰米仔吃起來 QQ 的，味道甘甜，做成魚乾、煎蛋料理或是小魚味噌湯，則是楓港的家常料理。

為什麼不吃大的，要吃小小的魚苗……

原來這小小魚苗會長成鰕虎魚。

剛捕撈上來的鯰米仔。

### 河口邊的點點燈光

　　每到鯰米仔洄游季，傍晚時村民都會來巡魚。一旦發現目標，就會「樓頂招樓下，阿母招阿爸」，大夥人手一支三角網，一起湊到海邊。有的漁民一手拿著三角網，一手控制著摩托車，噗噗噗的來到海邊。看到海邊已經停滿摩托車，就知道今天的漁汛非常豐富。

　　漁民們老道的觀察浪潮，在長長的海岸線邊選擇什麼站點，熟練的將漁網放進浪裡，再舉起來，這一放一收可都是門學問。

　　如果三角網下去時機不對，或者是插進浪裡太深，就會撈起一大堆石頭。海浪來的時候，要把網子抓好，同時支撐住自己的

浪來時三角網插入海中

浪退時把三角網舉起

讓鯰米仔落入網袋

身體，不要被海浪往後推。漁人要在海邊「罰站」一整晚，重複彎腰、舉高、查看，撿取魚苗的動作上百次、上千次，同時還得忍受大浪沖擊，可能被浪夾帶的石頭將雙腳撞擊到瘀青，一切都沒有想像中容易。

　　要怎樣才知道有沒有抓到魚苗呢？鯰米仔體型小又透明，在白色網上不易分辨，同時還可能有鰻苗、小石頭、貝殼等，十分倚靠眼力和經驗。

鰻魚苗

撈起來的都是石頭……

好痛，我的腳被石頭打到了啦！

櫓魚栽有時候也會撈到鰻魚苗。比起粉紅色較肥碩的鯰米仔，鰻魚苗的身體細細小小的，很容易分辨。

漁人捕撈後用頭燈探照著漁網仔細查看，有魚的話，可能可以看到發亮的眼睛或是魚背，就可以知道撈捕到多少，最後再倒入簍子裡整理。

## 不過度捕撈的永續漁法

　　早年漁汛狀況良好時，捕魚苗一晚上就能帶來萬把塊的收入。如今經濟條件進步，年輕人多半到外地讀書，許多家長也不願意傳授這個具危險性，收入又不穩定的漁法。因此，雖然季節到時，漁民仍會「相揪櫓魚栽」，但漁獲已大不如前。

　　每年四月起的梅雨季，豐沛的溪水會將楓港溪上游剛孵化的鯰米仔沖入海裡。但氣候變遷影響，今年雨量不如預期，致使溪水海水交接處水量不夠，原本六月就該洄游，端午節前夕就該大出的鯰米仔，卻遲遲不見蹤影。這很可能是鯰米仔洄游到河口的時間延後的原因。再加上，楓港溪上游近年在修堤防，使水變得混濁，喜愛清澈乾淨溪水的鰕虎魚因此變少，種種原因使魚汛都亂掉了。

　　那麼大家每年都來捕魚苗，會不會使得魚苗也越來越少呢？答案是不會的。因為三角網是一種友善漁法，它不會撈魚卵，並且網子不大，每次撈的數量並不多。而台東就曾有人使用捕撈範圍較廣的定置漁網，導致漁獲來源

社區活動中心展示了許多舊時的捕魚工具，歡迎大家參觀，透過認識社區特色提升大家的環保意識。

逐漸枯竭，而被禁止捕撈。

　　雖然三角網是友善的漁法，仍不宜過度。楓港在地協會會
向居民宣導節制捕撈，並組織巡守隊維護水質，希望讓魚苗有
永續的生存環境。

**親近大海的生活**

　　依山傍海的楓港人，每個都是斜槓村民，從賣木炭、撈虱
目魚苗、烤小鳥，演變到發展出知名的楓港三寶。無論時代的
浪潮如何變化，他們都會像捕魚苗時站穩腳步，從中找到可以
討生活的機會。三角網彷彿象徵著楓港人討生活的智慧與毅力，
同時也是他們與海洋親近的媒介。村中的長輩雖然知道年輕人
有自己的選擇，但是只要鯰米仔還在洄游，漁人就會繼續捕撈，
繼續製作著三角網，繼續說著鯰米仔的故事，繼續烹煮著日常
的家鄉味。

三角網製作：在竿子上上鑽洞

用鐵絲將兩根竿子綁緊

最後再綁上漁網

這就是人和海洋共處下形成的文化，漁人只是單純的希望這樣的生活文化、精神，可以一直被分享下去。

撈捕這麼多魚苗，會不會以後就沒有魚了？

每年都有魚苗回來，所以它是正常的數量，沒有變少喔！

而且如果過度捕撈就會禁漁。

什麼？還會禁漁！

還要維護溪水的乾淨呢！

不只會禁漁，還要整理河川……

還是去學下一個漁法吧！

# 貓大大和貓小小的
# 漁法學習祕笈

## 漁達人的分身術

請按照芒果 🥭 →解説員 🚩 →洋蔥 🧅 →
撈魚苗 🐟 的順序，走出漁達人分身術的迷宮。

起點
→

（迷宮圖）

終點
→

年輕人都不學櫓魚
栽了，怎麼辦呢？

撈魚苗應不應
該禁止呢？

相揪櫓魚栽

# 第 **7** 種密技
## 老船長的一竿釣

# ❓❔ 線索猜一猜

……好香……有魚乾！

難道終於不用捕魚了，直接給我們吃的？

還有漁網和水桶，那表示還是要捕魚呀。

你看，這長長的竿子和這一串毛毛的小東西……

這應該是釣竿，我以前在海邊看過大家把這個假餌放在釣竿上，用來誘騙魚的。

這麼長的一根釣竿，我可沒見過。

我知道了，這就是海上釣魚界十分有名的
_____，也叫做_____。

線索 1
漁網

線索 2
長釣竿

線索 3
烤鰹魚

線索 4
水桶

線索 5
假餌

猜猜看，
答案是什麼呢？

❶ 鰹竿釣，一竿釣。
❷ 鯖竿釣，船頭釣。
❸ 鮪魚釣，大師釣。　（答案在第 123 頁）

成家住海邊。

# 漁達人隱匿的地點
# 綠島南寮漁港

前往綠島旅遊，人們大多租一台摩托車，環島一周欣賞嶙峋奇特的礁岩、湛藍清澈的海景，以及享受悠閒的度假時光。

綠島

綠島位於台東縣外海，兼具海與山丘地形，曲折多變的海岸景觀，美麗的海底世界，使它成為廣受歡迎的觀光小島，更有世界百大潛點之稱。

島上最大的綠島漁港，因位在南寮村，也叫做「南寮漁港」，是綠島對外交通的主要出入港口。南寮漁港以南是平緩入海的珊瑚礁海岸，擁有豐富的海底珊瑚礁生態，有「海洋公園」之稱，是島上最熱門的潛水點。

綠島以美麗的珊瑚礁生態聞名外還因位處黑潮北上的通道上，而擁有豐富的鰹魚漁獲，因此曾是台灣製作柴魚輸出日本最主要的產地。雖然目前島上已經沒有柴魚工廠，但島上漁人仍承襲著捕捉柴魚原料的鰹竿釣技術，以及燻製柴魚的方法，成了綠島特殊的漁業文化。

綠島因位處黑潮通道上，海水溫度終年都有攝氏20度以上，因此珊瑚礁生態豐富，成為吸引國內外遊客前往的百大潛點之一。

當綠島在轉型為以觀光產業為主要經濟活動後，島上居民大都轉而經營潛水活動、民宿、租借機車等行業。來到綠島，租車騎乘環遊綠島一周，可以欣賞廣闊海景、奇妙的島礁地形，以及島上自由放養的梅花鹿。

所以我們要去找最會釣魚的達人！

用一支釣竿就可以在海上釣許多鰹魚，真厲害。

# 尋找漁達人——
# 乘風破浪的海上神釣手

位處黑潮主流地帶，綠島是夏季洄游鰹魚的必經之地，而鰹魚是製作柴魚的材料，因此綠島早期柴魚工廠林立，是柴魚輸出日本的最大產地，綠島漁民也承襲了日本鰹竿釣的技術。可惜後來鰹魚捕抓過頭，柴魚製作不敷成本，而與鰹竿釣雙雙式微。

綠島早期以漁業為主，現在五、六十歲的漁達人，都是大約十幾歲時跟著父親出海捕魚，開始了看天、看海吃飯的「討海人生」。鼎盛時期，五六艘鰹竿釣漁船出海，同在一群洄游而來的鰹魚群漁場輪流釣，都能滿足每一艘船至少有五百多公斤的漁獲。

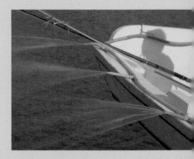

鰹竿釣漁船有一些特別的裝置和工具：船頭會安裝灑水器，一定要噴水做霧化，提高魚群的興奮度，讓牠們看不太清楚魚餌的真假。鰹竿釣的漁竿和釣繩比較粗，釣鉤上裝了一個有羽毛裝飾的假餌，感

鰹竿釣是日本傳入的釣鰹魚技術，漁人不用網子，只用一根釣竿，就能把成群的鰹魚釣上船。

覺十分簡單，但要操起這麼重的釣竿不斷上下甩竿，是需要技巧的。

　　竿子撐在腰間，身體要動作時，腳蹲一些，重心放低，然後雙手用力把竿子舉起來，再甩下去，所以也是要靠腰部和大腿的力量，把釣竿帶起來，光靠手的力量是不行的。

　　厲害的海釣手，甩竿後都能控制餌落下的位置；如果船頭上站了五、六位釣手，還要讓彼此的餌不在水下纏繞，並保持在比較淺的位置，才不容易在中魚時被拉下海，這是非常需要耐力、體力和經驗的技術。

圖片提供／田亦生

除了鰹魚，綠島漁人也出海捕其他魚種，早期甚至可以抓到兩百多公斤的旗魚。

115

## 要進行鰹竿釣得先抓活餌

丁香具有趨光性，所以
大多都在夜晚出海捕撈。
將魚燈放入水下聚集魚
群，丁香魚聚集後就可
以收網捕撈。

鰹竿釣的目標是在淺層捕食的魚群，因此適
合尋找底層魚群的探魚雷達，反而沒有船長
的眼睛好用。

　　凌晨兩點，漁人們緊盯著海面，尋找的第一個目標不是鰹魚，而是丁香。就像我們喜歡新鮮的食物，鰹魚也是，牠只吃活魚，所以捕獲活丁香的多寡，也決定了當天鰹魚的漁獲量。

　　找到漁場後，利用丁香魚的趨光性，船員將集魚燈伸到海中並下網，等丁香魚聚集夠多後，還不能直接撈起。因為太猛烈拉起魚網的話，魚群碰撞容易造成鱗片脫落死亡，漁人只能一桶一桶，悉心耐心的撈起，集中在船上的活餌桶裡。

　　以前捕撈丁香魚，隨便都可以抓到很多，多到活餌桶都裝不下；現在丁香變少了，要裝滿活餌桶，得要一個地點一個地點移動，這邊捕一點，那邊捕一點，直到活餌桶裝得差不多，這時天也亮了。

　　活餌準備好之後，接下來才是鰹竿釣的重頭戲。船長會先觀察哪裡有俯衝捕食的海鳥，有海鳥盤旋的下方，多半有魚群聚集；若確定是鰹魚，就以不驚動魚群的高超技術，將船迅速開過去。

哇，好多活跳跳的丁香魚！

將丁香魚放入活餌桶。

這是要給鰹魚吃的！

117

## 合作無間的海釣團隊

　　丁香魚要怎麼使用，才能誘捕到鰹魚呢？在船上會有一位撒餌手，專門撒丁香魚餌來引誘鰹魚。撒丁香可不是隨便把丁香撒入海中，需要一點力道和技巧。從活餌桶撈起丁香魚後，手抓起一把要拋入海中前，必須掌握力道把牠捏暈，才不會魚一下海轉眼就游走。撒餌手可說是船上的靈魂人物，老漁人漸漸凋零，能夠擔任撒餌手的人也越來越少。

　　漁達人精準撒下丁香魚後，接著船員開啟灑水器干擾，混淆鰹魚的視線。船頭的釣手們個個已卡好位，準備大顯身手。說時遲那時快，釣手靠的是速度，祕訣在於運用那沒有倒鉤和捲線器的釣竿，每位釣手就像個具備爆發力的短跑選手，靠著瞬間拉

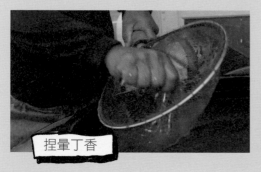

捏暈丁香

將丁香拋撒入海當作誘餌

船頭釣手注意著海面動靜，隨時起竿。

力，再利用鰹魚活蹦亂跳的反作用力迅速脫鉤。不過也因為沒倒鉤，魚容易掉回海裡，所以除了「快」、「狠」，還要「準」。

　　這樣一拉一甩一拋，一隻隻鰹魚就從空中掉落到船艙後方，一尾尾活碰亂跳，可見力道十足。當船上鰹魚已達上千公斤時，那就是鰹竿釣漁船滿載而歸的時刻。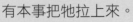

　　鰹竿釣之所以被視為地表最強釣魚法，是因為最厲害的釣手，可以每秒釣上一隻，刺激又震撼。就算你是新手，在洶湧而來的鰹魚大軍之中，碰到魚兒上鉤其實也不是問題，只要你有本事把牠拉上來。

有時候鰹魚不能自己脫鉤，就要用手抓住並快速脫鉤。

天哪，鰹魚都從天上飛來啦！

這回一定吃得到魚啦！

### 現烤現吃的美味柴魚

很多人都以為柴魚就是一種魚類，原來我們放入味噌湯裡煮的、撒在章魚燒上面的柴魚片，竟然是用鰹魚做的。把鰹魚腹部後方的肌肉煮熟，再烘乾至木柴的模樣，就是我們常說的柴魚。工廠加工時，會烤到含水量低於百分之十五，這時候的魚塊非常硬，無法直接吃，會刨成一片一片的柴魚片，才方便料理使用。

以前綠島的柴魚工廠有五、六家，因為時代變遷，現在已經沒有人做，而綠島人倒是會自己烤鰹魚來吃，現捕現烤的鰹魚不需要追求那麼乾燥，熟了就可以吃了。現烤的鰹魚吃起來，肉質緊實、海味十足，可以想像牠在海裡巡遊的力量，以及當鰹魚被釣竿釣起來的拉力有多大。

以前出海一趟，能釣上兩、三千公斤，近年漁業資源枯竭，一天能有四、五百公斤已經算是運氣好了。在四〇到六〇年代的時候，鰹魚群很多，但因為鰹魚是洄游魚類，許多地方都捕得到鰹魚，歐美等國都使用圍網捕魚，圍網的方式就是一網打盡。而鰹竿釣卻是非常

鰹魚處理後，每家幾乎都會把牠烤乾，直接當零食吃或入菜。邊烤鰹魚邊聊天，是綠島特有的常民風景。

環保與永續的漁法,這種釣法只鎖定一種魚,也不會釣起太小的鰹魚,更不會將無經濟價值的雜魚一網打盡,可以把對海洋生態的衝擊降到最低。

鰹魚

新鮮的好吃,還是烤的好吃……

結果反而無法決定了!

## 傳遞傳統漁法的精神

　　綠島人的每一餐幾乎都有魚,煮菜的人說:「沒有魚就好像不會煮飯。」吃飯的人說:「沒有魚好像就不會吃飯。」這是靠海吃海的漁村常民生活,也是漁家美好生活的一幅圖畫。

　　以前的漁人靠天吃飯,現在轉型靠觀光,雖然說漁人想靠經營觀光漁船,透過傳統漁法推廣和體驗,把綠島的鰹竿釣保留下來,但是每次出船勞師動眾,出船的成本和安全性門檻都很高,這也是目前漁人轉型面臨的挑戰。

綠島人的餐桌最常見的菜式就是魚,此外還有一道非常特別的高麗菜煮花生漿,據說是因為花生容易保存,成為綠島早期的主要作物,所以常見以花生入菜。

121

我們可以選擇快速捕大量魚的方式，也可以選擇改變傳統，投入更方便、更現代的旅遊方式。那會不會這個地方也快速的改變，變得每個人都不認識她原來的樣子，也不再認為需要愛護她了呢？

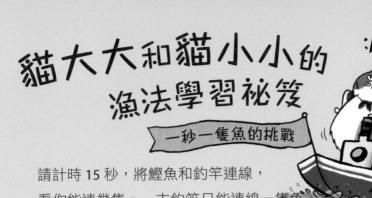

# 貓大大和貓小小的漁法學習祕笈

## 一秒一隻魚的挑戰

請計時 15 秒，將鰹魚和釣竿連線，
看你能連幾隻。一支釣竿只能連線一隻魚

很多人喜歡釣魚，他也可以去學鰹竿釣嗎？

鰹竿釣是永續的漁法，要怎麼保留下來呢？

# 第8種密技

## 太陽的滋味

## 線索猜一猜

 這地方有點熟悉……

 這漁網可真大，不用說，一定跟捕魚有關。

 有竹簍、有漏勺，也跟撈魚有關，感覺在哪裡
看過……

 因為我們猜了很多次，現在都變成猜謎達人了。

 比較特別的是這一包一包的東西。

 有米粉、魷魚乾、乾燥的金針花，還有果乾……
都是晒乾或風乾而成的食物……

 我知道了，這就是早期為了保存食物，把鮮魚變成
魚乾所使用的 ＿＿＿＿＿＿＿ 。

線索 1
推車

線索 2
網架

線索 3
米粉、魷魚乾、乾燥
金針花、果乾

線索 4
竹簍、漏勺

線索 5
漁網

猜猜看，
答案是什麼呢？

❶ 火烤法。

❷ 日晒法。

❸ 低溫乾燥法。 （答案在第 139 頁）

127

# 漁達人隱匿的地點
# 澎湖白沙鄉鳥嶼

鳥嶼

面對港口的福德宮，是全台規模第二大的土地公廟，被當地居民暱稱為前廟；而有後廟之稱的金山殿則供奉保生大帝。

鳥嶼是澎湖群島中的島嶼之一，因位處於丁香魚漁場，又稱為「丁香魚的故鄉」。鳥嶼名稱的由來眾說紛紜，可能因為此處食物豐富，海鳥眾多，才有此稱呼；也有人認為島嶼的形狀像鳥，或是因為東北方的懸崖凹處像是鳥巢的關係。

這座人口只有一千多，騎車環島只要五分鐘的小島，開墾於清代。過去由於漁業興盛，竟能蓋出全台數一數二壯麗的土地公廟。這座供奉土地公的福德宮就位在港口前方，旁邊就是居民的活動中心。鳥嶼人因討海工作的不確定性，長期藉由宗教來祈求保佑，共同的信仰也凝聚了村民，形成島上一股淳樸的民風。

鳥嶼的日照強烈，而且氣候乾燥，年均降雨量低於年均蒸發量。早期沒冰箱，日晒法就成為保存食物的好方法，也保留了天然乾燥的好滋味。素有丁香魚故鄉之稱的鳥嶼，晒最多的一種漁產當然就是丁香魚了，這裡是少數仍堅持日晒丁香魚的地方。天氣好時，除了丁香魚，島上各處都可見曝晒著各種漁產的景象。

鳥嶼島上隨處可見居民曝晒漁獲，最常見的就是丁香、其次是鎖管。

這地方有好溫暖、好香、好懷念的氣味。

這就是晒魚乾香噴噴的味道！

129

# 尋找漁達人——
# 掌控日光與火力的晒丁香達人

丁香季大約為五月到八月，在全盛時期，烏嶼大概有三十幾組的漁船，一組約有八艘船，全村快三百艘。丁香魚曾是烏嶼人最大的資產，七〇到八〇年代初的鼎盛時期，一晚進帳十萬元不是問題。當時丁香魚多到船拖不動，還得潛水把網割破放生，不然會翻船。全村主要以晒丁香為業，丁香魚乾遍布整座島的路面，幾乎沒有路可以行走。

現在烏嶼晒丁香的產業已經不似以前興盛，沒落的原因很多，包括漁獲減少、進口魚低價競爭，再加上工作辛苦，執行效益低，年輕人根本沒有投入產業的意願。在家家戶戶都捕丁香的年代，島民都以自家的漁船去捕魚，回港後自行處理漁獲。現在得靠船家電話通知，若當日有魚，進港前就會通知商家到碼頭競標。

以前烏嶼每戶少說也有一艘漁船，由於晒丁香產業逐漸沒落，現在只剩下兩組漁船在捕丁香魚。

丁香魚有分「晚流」和「早流」。「晚流」的意思是，傍晚的丁香魚已經吃飽了，肚子鼓鼓的，捕上來容易破；早上的丁香魚上過廁所，賣相比較好，就是「早流」。漁船會混撈到其他雜魚，牠們的經濟價值不如丁香魚高，於是漁達人到場第一件事，就是先物色早流，和丁香魚最多的漁獲籃子。

等晒丁香的漁人都到場，船長就會宣布關於一次要標幾籃，以及從哪一排開始標的競標規則。正式開標後，為了保密，漁人會在紙條寫下每一標的競標價格，船長看完後就會直接宣布價高者得標。

競標就是出價，誰出的每公斤價格最高，誰就得標。丁香魚晒過後可以冷凍保鮮，所以只要在可以接受的價格範圍內，丁香魚當然是標到越多越好。

漁達人現身

這邊在競標漁獲耶，我在基隆漁港看過。

日晒就是要保存更多的魚，所以我們要找競標到最多魚的達人！

讓我們看看你標到多少魚？

怎麼可以偷看我的標價呢！

我們不是要偷看，是想要學日晒法。

那你們就找對人了！

跟我一起去煮魚吧！

終於可以吃魚了……

## 快速保鮮的煮魚晒魚大法

漁達人從港口邊將幾乎快三百公斤的漁獲用拖車帶到煮魚處，煮魚的地方有三口灶，灶上放著三只大鍋，熱水正噗噗的冒著熱氣。

烏嶼人煮好丁香魚後，常常可以看到村民經過就拿起魚來吃，或是挑出雜魚給鳥吃，彷彿全村都是一家人，彼此照顧彼此，也照顧著島上的動物。

　　要做魚乾的丁香魚，得趁新鮮煮過後再晒才會好吃，因此從得標到煮魚都是一場講求快速的作業。

　　漁達人將丁香魚一部分一部分的倒入鍋裡，還不時的加入鹽巴。煮魚的時候不能攪動，攪動的話，丁香魚的表皮就破爛，賣相就不好；加入鹽巴不僅是調味，還可以讓魚身浮起來，比較好撈起。要想做到每簍鹹味一致絕不簡單，漁達人即使六、七歲就接觸晒魚乾的工作，也是到十六歲才有辦法煮魚。

　　等到魚熟了，漁達人拿起竹簍直接從鍋子裡撈起魚，熱水、蒸氣都很燙，可是漁達人一鍋一鍋的煮，一簍一簍的撈，雙手彷彿早已練就成鐵砂掌。由於要煮的漁獲不少，丁香魚的烹煮、日晒過程通常都是家人、親戚一起投入。

將煮好的丁香拋撒在漁網上，也有一個熟練的手勢，才能避免丁香散得不均勻。

　　從早上七點多開始，一簍一簍煮熟的丁香魚稍微瀝乾水分後，就載到廣場上，此時地上已鋪上大魚網，漁達人就把一簍一簍的丁香魚往地上撒。撒丁香魚也不是撒在地上就好，必須要利用手勢和拋物的曲線，讓魚平均分散落地。如果撒下去一整坨集中在一起，就會有魚晒不到太陽；想用手去撥開的話，又會因為它剛煮好很嫩，稍微翻動它就爛掉了，可說是晒魚最難最關鍵的步驟。

來，你吃吃看，很好吃哦！

我吃到魚了。

大家都吃到了！

## 太陽就是最好的保鮮劑

　　為什麼日晒法是搶時間的工作，是因為晒魚乾就要趕在日照最烈之前將魚鋪好。熱辣的太陽會逐漸脫去丁香魚水份，並且烤成緊實有彈性的魚乾。

　　曝晒大約三至四小時，丁香魚就差不多乾了，漁人又得趕緊來收魚乾。有時候遇到下雨來不及收的話，碰到雨水，魚乾就毀了，當然這一批的漁獲就算賠錢了。而丁香魚之所以要放在網子上晒，就是為了收起來方便。漁人從外拉起魚網，把丁香魚往網子中央兜，再把籃子放在中央，利用漁網將魚乾往籃子裡倒，一籃一籃的魚乾就收好了。

　　捕撈的丁香漁獲免不了混有不同的魚，晒完要先把雜魚挑出來，即使顧客分辨不出來，卻是漁人誠信的表現。要怎麼分？大

收丁香魚時把網子由外往內兜，魚乾在網子內翻滾，感覺魚好像又活了起來了。

白堯魚　丁香

隻的很好認的是扁魚，漁人會先把扁魚挑出來；還有一種白堯魚，跟丁香魚比，肉比較薄一點，頭比較橢圓的。其他魚身爛爛的，不完整的魚就直接丟到地上，最後會再收集起來做成雞的飼料。

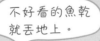

扁魚

　　鳥嶼晒丁香魚的數量，雖然已經減少許多，但是家家戶戶，幾乎都有拿海洋做冰箱的本領。所以不管走到哪兒，都可以看到有人在晒漁獲，除了丁香，就屬晒小管最多，最特別的還有晒石鮔。看似簡單的晒魚乾其實處處是訣竅，無論是晒魚的方式，還是收魚的時機，都是經驗。

不好看的魚乾就丟地上。

丟進我的嘴裡吧！

這味道好熟悉啊……

鳥嶼居民幾隨時隨地都在晒漁獲，門前掛上一個圓盤網架，什麼都能晒。晒上一隻隻石鮔，乾了之後煮湯或滷肉，就是道澎湖特有的海味料理。

## 到無人島上探險

鳥嶼人主要在春夏海況好時捕魚，秋冬則改採海菜，而夏天除了潮間帶，也會上無人島撿螺，久了對散布海上的島嶼就像走廚房般熟悉。

可別以為無人島就是沙灘和棕櫚樹，這裡的無人島是礁岩地形，雖然小小一座，卻也有著小小的碼頭和燈塔，十分特別。島上礁岩鋒利，不小心就會割傷，加上地滑常得蹲低移動，為了減緩長期蹲著及彎腰的不適，到島上撿拾螺類的婦女普遍需要圍護腰或束腰。在潮間帶和無人島上撿拾的螺類有可以做燒酒螺的燒酒海蜷、畚箕螺、石蚵等。撿拾得多時，漁人就會拿到市場販賣，也會留一些自己吃或是送人。

澎湖有很多無人島，有些產海菜的島嶼並不能隨意登島，因為這些海菜是有主人的。在冬天，擁有海菜產權的宮廟會開放特定幾個海菜豐富的島，想要上島的人必須向宮廟取得採集證，每年登島採海菜可說是澎湖一年一度的盛事。

無人島上擁有豐富的海產資源，除了海菜季節需要開標後才能登島，一般時節去無人島撿拾螺類來貼補家用是當地的常民生活，可以說是鳥嶼人的天然提款機。

鳥嶼人在無人島的礁岩上移動採螺十分熟練，
甚至可以攀爬到崖邊採取價值高的鋼盔螺。

終於不用吃菜了，
有好多海鮮吃！

因為四面環海，
島上鹽分多，植
物無法生長。

這海洋也好
熟悉啊⋯⋯

## 堅持手工的傳統

現在進口的丁香魚乾一公斤一百元就可以買得到，鳥嶼手工
日晒丁香魚乾一公斤要三百元，價格差異這麼大，人們當然會轉
而購買便宜的進口貨，所以現在只有兩艘漁船在捕丁香魚，因為
無法和低價的進口漁獲競爭。雖然如此，鳥嶼人還是維持著手工
日晒的傳統晒魚方式，不禁讓人好奇這兩種丁香魚，吃起來有什
麼差別？

其實只要吃過天然日晒的魚乾，就知道太陽晒的吃起來比較
香甜，吃得出天然的味道、太陽的味道，進口的味道就是差了那
麼一點。陽光就像料理的火候與調味料，
而鳥嶼人可說是最懂得掌握的漁人。
陽光的味道，是時間的味道，太陽
是老天給的禮物；陽光也是種催化
劑，鍍在食物上可以變得可口，

鍍在人身上象徵著一種腳踏實地的安心感。
現在的我們卻時常躲著太陽，慢慢的不認識
日晒的味道，只記得工業化的味道。工業時
代還是要記得，有時慢慢來還比較快。

不會的，只要我的
老客戶還來買，我
就繼續做。

只要吃過日晒丁
香魚，一定還會
再來買的。

要是沒有人買丁
香魚怎麼辦？

老大，你是
在做什麼？

這陽光太熟
悉了……

我想起來了，這裡
是我的島嶼啊！

太好了，你
回到家了！

# 貓大大和貓小小的漁法學習祕笈

## 去蕪存菁

晒好的丁香魚混入了扁魚，
請將比較大隻的扁魚圈出來吧！

日晒法為什麼
會讓物品的價
格變高呢？

貴的丁香魚要怎
麼和低價的丁香
魚競爭呢？

# 海洋教育行動加油站

　　台灣是一座四面環海的島嶼，我們都是海島子民，除了認識海洋及海洋生物，透過本書介紹的這 8 種漁法、8 座漁港、8 位漁人，進而了解台灣漁業及漁村的歷史及文化；我們還能透過 108 課綱中海洋教育議題的**五大學習主**

| 五大學習主題關鍵字　　本書主題 | 蹦火仔 | 海女採石花菜 | 八卦網 |
|---|---|---|---|
| 海洋休閒 | ●漫遊金山<br>●蹦火仔文化旅遊<br>●海洋生態旅遊 | ●極東漁村深度遊<br>●潮間帶尋寶<br>●磯釣及海釣<br>●水域休閒 | ●靜浦部落漁獵生活體驗<br>●海洋生態旅遊 |
| 海洋社會 | ●北海岸<br>●金山磺港<br>●魚路古道<br>●海洋經濟活動 | ●東北角<br>●貢寮馬崗漁村<br>●海洋經濟活動 | ●花蓮靜浦部落<br>●秀姑巒溪<br>●海洋經濟活動 |
| 海洋文化 | ●民俗文物類文化資產<br>——蹦火仔<br>●海洋民俗信仰與祭典 | ●石頭屋聚落<br>●海女文化 | ●八卦網<br>●巴拉告自然魚法<br>●原住民的海洋祭 |
| 海洋科學與技術 | ●青鱗魚等趨光魚種<br>●焚寄抄網漁業<br>●海洋應用科學 | ●石花菜等海藻<br>●潮間帶生物<br>●海洋氣象 | ●河口漁獲<br>●海邊潮汐生物<br>●海洋地理地質 |
| 海洋資源與永續 | ●魚汛<br>●海上汙染<br>●環境保護與生態保育 | ●當季與在地<br>●生物資源 | ●自然魚法<br>●環境保護與生態保育 |
| 公共電視節目連結 | | | |

**題關鍵字**，走進漁村、親近海洋，認識自己的家鄉，以及在其中辛勤工作的每一位漁業職人。

| 海牛及蚵田 | 數魚苗歌 | 櫓魚栽 | 鰹竿釣 | 日晒法 |
|---|---|---|---|---|
| ●芳苑海牛學校<br>●海牛採蚵生態旅遊<br>●海洋生態旅遊 | ●七股養殖產業廊道<br>●魚塭釣魚<br>●海洋生態旅遊 | ●楓港社區發展協會<br>●海洋生態旅遊 | ●海釣、潛水、綠島珊瑚礁生態<br>●海洋生態旅遊 | ●離島旅遊 |
| ●彰化芳苑<br>●西部海岸潮間帶<br>●海洋產業 | ●台南七股<br>●篤加單姓社區<br>●海洋經濟活動 | ●屏東楓港<br>●河海交界<br>●海洋經濟活動 | ●離島——綠島<br>●海洋產業 | ●澎湖鳥嶼<br>●礁岩小島<br>●海洋經濟活動 |
| ●海牛文化 | ●數魚苗歌 | ●三角網捕撈魚苗 | ●鰹竿釣技法<br>●柴魚故鄉 | ●手工日晒丁香魚 |
| ●蚵田、養蚵<br>●海洋地理地質 | ●養殖漁業、魚塭<br>●虱目魚苗<br>●海洋物理與化學 | ●捕魚苗、鯰米仔<br>●洄游魚類<br>●海洋地理地質 | ●鰹魚、誘魚方法<br>●加工方式<br>●海洋應用科學 | ●丁香魚<br>●加工方式<br>●海洋氣象 |
| ●地理及養蚵型態<br>●生物資源 | ●養魚塭<br>●生物資源 | ●清淨與監控河流水質<br>●禁漁<br>●環境保護與生態保育 | ●只釣一種魚<br>●低環境衝擊的魚法<br>●生物資源 | ●季節漁獲<br>●海洋食品 |

141

# 台灣漁港地圖

你住的地方有漁港嗎？從右下找到你家附近的漁港圈起來，並標示在地圖上吧！

🐾 第一類漁港（由行政院規劃管理）
🐾 貓大大貓小小學習漁法地點

🐾 鳥嶼

澎湖縣

新竹漁港
新竹

苗栗縣

梧棲漁港
台中市

芳苑
彰化縣

雲林縣

嘉義縣

七股
台南市

安平漁港

前鎮漁港

東港鹽埔

楓港

高雄市

台東縣

綠島
🐾

屏東縣

南寮漁港

太好了，台灣有兩百多個漁港。

可以環島一周，邊學漁法邊吃魚。

142

正濱漁港
磺港
八斗子漁港
台北市　基隆市
桃園市
新北市
馬崗
竹縣
烏石漁港
宜蘭縣
南方澳漁港

花蓮縣
靜浦部落

第二類漁港（由各縣市政府規劃管理）

■**宜蘭縣** ▶ 大溪第一、大溪第二、梗枋、石城、大里、粉鳥林、南澳、桶盤堀、蕃薯寮 ■**基隆市** ▶ 外木山、大武崙、望海巷、長潭里 ■**新北市** ▶ 磺港、萬里、富基、淡水第二、澳底、鼻頭、東澳、馬崗、福隆、龍洞、龜吼、和美、石門、美艷山、水湳洞、南雅、卯澳、水尾、深澳、野柳、草里、麟山鼻、淡水第一、六塊厝、下罟子、後厝、龍門、澳仔 ■**桃園市** ▶ 竹圍、永安 ■**新竹市** ▶ 海山 ■**新竹縣** ▶ 坡頭 ■**苗栗縣** ▶ 公司寮、外埔、苑裡、龍鳳、通宵、苑港、青草、塭仔頭、福寧、南港、白沙屯、新埔 ■**台中市** ▶ 五甲、松柏、北汕、塭寮、麗水 ■**彰化縣** ▶ 王功、崙尾灣 ■**雲林縣** ▶ 台子村、金湖、箔子寮、三條崙、台西、五條港 ■**嘉義縣** ▶ 布袋、東石、副瀨、好美里、下庄、網寮、塭港、鰲鼓、白水湖 ■**台南市** ▶ 四草、將軍、青山、北門、下山、蚵寮 ■**高雄市** ▶ 鼓山、中洲、旗后、上竹里、小港臨海新村、旗津、鳳鼻頭、興達、中芸、永新、汕尾、蚵子寮、彌陀、港埔、白砂崙

■**屏東縣** ▶ 後壁湖、興海、山海、旭海、中山、琉球新、水利村、枋寮、海口、小琉球、天福、塭豐、楓港、後灣、紅柴坑、潭仔、香蕉灣、鼻頭、南仁、杉福、漁福 ■**花蓮縣** ▶ 花蓮、石梯、鹽寮 ■**台東縣** ▶ 伽藍、大武、小港、新港、金樽、綠島、長濱、烏石鼻、新蘭、公館、溫泉、中寮、朗島、開元港 ■**澎湖縣** ▶ 馬公、龍門、赤崁、赤馬、風櫃東、時裡、菜園、鎖港、尖山、沙港東、合界、大池、竹灣、內垵北、內垵南、外垵、西衛、風櫃西、果葉、沙港中、白坑、南北寮、山水、前寮、重光、沙港西、港子、通樑、後寮、橫礁、潭門、七美、虎井、桶盤、石泉、吉貝、鳥嶼、員貝、將軍南、將軍北、烏崁、案山、鐵線、五德、井垵、安宅、青螺、中西、成功、西溪、紅羅、瓦硐、城前、講美、鎮海、岐頭、小門、池西、大果葉、二崁、水垵、潭子、大倉、東吉、東嶼坪、花嶼、中社 ■**金門縣** ▶ 新湖、羅厝、復國墩 ■**連江縣** ▶ 福澳、白沙、青蕃、猛澳、中柱

資料來源：行政院農委會漁業署